大数据教育丛书

大数据优化建模与算法

王宇平　过晓芳　编著

西安电子科技大学出版社

内 容 简 介

大数据优化建模及求解优化模型的算法设计是解决大数据问题的关键技术。本书选择信息学科领域一些典型的大数据问题，介绍这些问题的优化建模方法，并对这些优化模型进行分类，分别介绍求解各类优化模型的算法。

本书共分为六章。第一章详细介绍了10个大数据问题的优化建模方法；第二章介绍了求解这些模型所需要的基本数学知识；第三章介绍了线性规划模型的求解方法：单纯形法；第四章介绍了非线性规划方法，包括无约束优化问题的一些经典算法、约束优化问题的经典算法、熵函数法、解全局优化问题的填充函数法；第五章介绍了多目标优化问题的求解算法，包括经典算法、进化算法和算法性能度量；第六章介绍了离散优化方法，包括几个典型问题的优化建模和算法。

本书可作为高等院校理工科高年级本科生或研究生的教材，也可供对优化建模和优化算法有兴趣的研究人员和工程技术人员参考。

图书在版编目(CIP)数据

大数据优化建模与算法/王宇平，过晓芳编著. —西安：西安电子科技大学出版社，2021.8(2023.1 重印)
ISBN 978-7-5606-6044-8

Ⅰ. ①大… Ⅱ. ①王… ②过… Ⅲ. ①数据处理—系统建模②数据处理—算法设计 Ⅳ. ①TP274

中国版本图书馆 CIP 数据核字(2021)第 082661 号

策　　划　毛红兵
责任编辑　宁晓蓉
出版发行　西安电子科技大学出版社(西安市太白南路 2 号)
电　　话　(029)88202421　88201467　　邮　　编　710071
网　　址　www.xduph.com　　电子邮箱　xdupfxb001@163.com
经　　销　新华书店
印刷单位　咸阳华盛印务有限责任公司
版　　次　2021 年 8 月第 1 版　2023 年 1 月第 2 次印刷
开　　本　787 毫米×960 毫米　1/16　印张 10
字　　数　180千字
印　　数　1001～3000 册
定　　价　28.00 元
ISBN 978-7-5606-6044-8/TP

XDUP 6346001-2

作 者 简 介

王宇平，1993 年在西安交通大学获得博士学位，现为西安电子科技大学二级教授、博导。1997—2010 年多次应邀去香港中文大学、香港城市大学和香港浸会大学做访问学者。曾任陕西省计算数学学会副理事长、全国经济数学与管理数学学会副理事长，多次担任国际会议的大会合作主席、程序委员会主席，任多个国际知名杂志的编委和 Guest Editor。主要从事最优化方法、工程优化建模、人工智能和数据挖掘等方向的研究工作。主持国家自然科学基金项目、教育部留学回国人员基金、博士点基金、陕西省自然科学基金重点项目和若干横向项目等 20 多项，获省部级科学技术二等奖 3 项和陕西省优秀教学成果一等奖 1 项。已在国内外著名刊物《IEEE Trans. on Evolutionary Computation》《IEEE Trans. on SMC-A》《IEEE Trans. on SMC-C》《IEEE Trans. on Cybernetics》《IEEE Trans. on Knowledge and Data Engineering》《IEEE Trans. on Vehicular Technology》《Artificial Intelligence》《Evolutionary Computation》《Applied Soft Computing》《Applied Mathematics and Computation》《Journal of Optimization Theory and Applications》《计算机学报》《软件学报》和《应用数学学报》等发表论文 250 余篇，其中 SCI 检索论文 110 余篇。

过晓芳，2015 年在西安电子科技大学获得计算机科学与工程专业博士学位，曾于 2018 年 8 月—2019 年 8 月在东芬兰大学访学交流。现为西安工业大学理学院副教授，主要从事智能优化算法、最优化理论及其应用的教学研究工作。主持省部级、厅局级等多项纵向科研项目，并在国内外重要期刊发表 SCI、EI 检索论文十余篇。

前　　言

近年来，高等学校理工科的学生和老师们在科研过程中，经常面临大数据问题，而这些问题的完满解决通常需要求出最优解。这就需要做两件事：① 对这些大数据问题进行优化建模；② 使用优化算法求解这些优化模型。因此，解决大数据问题离不开优化建模和优化算法。而目前相当多介绍大数据问题的书籍，往往把大数据优化建模和采用合适的优化算法分隔开进行介绍，要么只介绍如何建模，要么只介绍优化算法，大数据优化建模问题和最优化算法往往是在两本书或两门课程里介绍。这样，一方面读者不太容易掌握解决大数据问题的完整过程，增加了读者了解大数据问题解决方案的时间和难度；另一方面，若读者对建模或优化算法之一不太熟悉的话，很难对一个优化模型选择合适的优化算法。更重要地，对理工科本科生和研究生而言，由于各个专业的侧重点不同，很少有同学既掌握大数据优化建模方面的知识，又掌握求解这些优化模型的算法方面的知识。为了让同学们和科研工作者花费尽可能少时间，在一本书和一门课程内同时掌握这两方面的基本知识，特编写了这本教材，希望起到抛砖引玉的作用，给学习和研究大数据的同学及科研工作者打下一个建模和算法设计的基础，也为同学们进一步深入研究大数据问题扫清入门障碍。

本书共分为六章。第一章详细介绍了10个大数据问题的优化建模方法，包括运输问题的优化建模方法、同构网络可分任务调度问题的优化建模方法、异构网络可分任务调度问题的优化建模方法、弹性光网络中选路和频谱分配问题的优化建模方法、聚类问题的优化建模方法、多元线性回归问题的优化建模方法、旅行商问题的优化建模方法、最可靠路径问题的优化建模方法、基于主成分分析的降维问题优化建模方法以及二分类问题的优化建模方法(包括基于投影点的二分类问题的优化建模和基于支持向量机的二分类问题的优化建模)；第二章介绍了求解这些模型所需要的基本数学知识，包括多元函数的中值定理、泰勒展开、方向导数、向量范数、凸集和凸函数、极值点的条件等；第三章介绍了线性规划模型的求解方法：单纯形法；第四章介绍了非线性规划方法，包括无约束优化问题的一些经典算法、约束优化问题的经典算法、熵函数法、解全局优化问题的填充函数法；第五章介绍了多目标优化问题的求解算法，包括经典算法、进化算法和算法性能度量；第六章介绍了离散优化方法，包括几个典型问题的优化建模和算法。

本书是三四年级理工科本科生、研究生和科技工作者学习大数据问题优化建模和算法的入门教材，因授课时间的限制，很多重要、热点大数据问题的优化建模方法未能包括其中，更多深入内容请读者在此书基础上阅读相关文献。

大数据产业的发展异常迅速，涉及的范围极广，研究得越来越深入，笔者才疏学浅，且时间和精力所限，书中错误和不足之处在所难免，恳请读者批评指正，不胜感激。

王宇平　过晓芳

2021 年 5 月

目　录

第一章　实际问题中的优化建模方法

现实的工程实践和管理决策领域的许多实际问题均可建立成最优化模型，本章将针对管理决策、计算机网络、数据挖掘等具体实践问题介绍优化建模的方法。

1.1　运输问题的优化建模方法

1. 问题叙述

已知生产某种产品的集团公司在 m 个城市有子公司，其产量分别记为 a_1，a_2，…，a_m（吨），有 n 个销售地，它们的任务销量分别记为 b_1，b_2，…，b_n（吨）。假定产销是平衡的，即满足 $\sum_{i=1}^{m} a_i = \sum_{j=1}^{n} b_j$，从第 i 个子公司到第 j 个销售地的运费单价分别为 c_{ij}（元/吨）（$i=1, 2, \cdots, m$；$j=1, 2, \cdots, n$）问：从每个产地到每个销售地的运输量各为多少时总运费最少。

2. 建立优化模型

设由第 i 个子公司到第 j 个销售地的运输量为 x_{ij} 吨（$i=1, 2, \cdots, m$；$j=1, 2, \cdots, n$），总运费为 $\sum_{i=1}^{m}\sum_{j=1}^{n} c_{ij} x_{ij}$，且满足条件：

$$\begin{cases} \sum_{j=1}^{n} x_{ij} = a_i & (i = 1, 2, \cdots, m) \\ \sum_{i=1}^{m} x_{ij} = b_j & (j = 1, 2, \cdots, n) \\ x_{ij} \geqslant 0 & (i = 1, 2, \cdots, m;\ j = 1, 2, \cdots, n) \end{cases}$$

于是问题化为在满足上述条件时使总运费最少，故数学模型为

$$\begin{cases} \min \sum_{i=1}^{m} \sum_{j=1}^{n} c_{ij} x_{ij} \\ \text{s.t.} \quad \sum_{j=1}^{n} x_{ij} = a \quad (i = 1, 2, \cdots, m) \\ \qquad \sum_{i=1}^{m} x_{ij} = b_j \quad (j = 1, 2, \cdots, n) \\ \qquad x_{ij} \geqslant 0 \quad (i = 1, 2, \cdots, m; j = 1, 2, \cdots, n) \end{cases} \tag{1-1}$$

式中，s. t. 为 subject to 的缩写，意为约束条件。

1.2　同构网络可分任务调度问题的优化建模方法

1. 问题描述

设有 $N+1$ 台处理机(可以是个人电脑、服务器、工作站等)通过星型网络互连，如图 1.1 所示，其中 P_0 为主处理机，$P_i(i=1, 2, \cdots, N)$为从处理机。

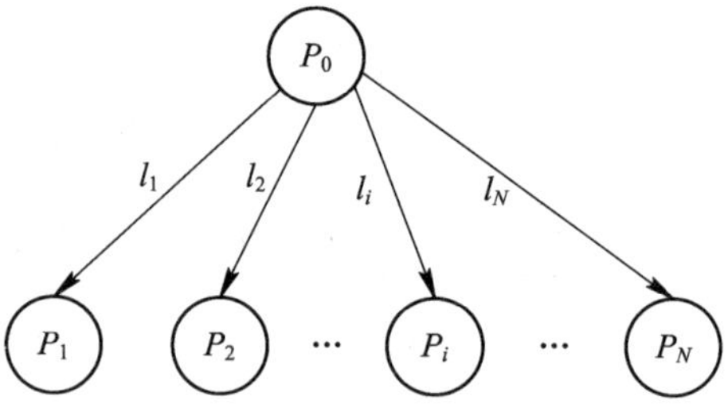

图 1.1　同构星型网络平台

主处理机只负责数据的切分和传输，从处理机负责数据的计算，l_i 是连接 P_0 和 P_i 的通信链路。主处理机 P_0 上的数据为 W_{total}，首先将 W_{total} 划分为 N 个子任务块 $A=\{\alpha_1, \alpha_2, \cdots, \alpha_i, \cdots, \alpha_N\}$，其中 $0 \leqslant \alpha_i \leqslant W_{\text{total}}$，$\sum_{i=1}^{N} \alpha_i = W_{\text{total}}$，$A$ 为任务分配方案。记 $P_1, P_2, \cdots, P_N$ 为主处理机给从处理机传输数据的调度顺序，在同一时刻 P_0 只能给一个从处理机 P_i 传输任务，P_i 只有在完全接收子任务后才开始计算，并不要求所有的处理机都必须参与处理数据。

假设参与处理数据的处理机数目为 n，则只需为调度序列中的前 n 个从处理机分配任务，即 $\alpha_i > 0\ (i=1, 2, \cdots, n)$，其余从处理机不分配任务，即 $\alpha_i = 0(i=n+1, n+2, \cdots, N)$。

令 z 表示此通信链路从 P_0 传输单位数据到 P_i 所需要的时间，则此链路传输数据块 α_i 所需的传输时间为 $z\alpha_i$；令 w 表示处理机 $P_i(i=1, 2, \cdots, N)$处理单位数据所需要的时间，则其处理数据块 α_i 的时间为 $w\alpha_i$。由于考虑了启动开销，所以子任务 α_i 的传输时间和计算时间分别为 $e+$

$z\alpha_i$ 和 $f+w\alpha_i$，其中 e 和 f 分别表示链路的传输启动开销和处理机的计算启动开销。

问题是如何确定参与计算的从处理机数目和最优的任务分配方案 A，使得任务的完成时间最短。

2. 公式推导

记处理机 P_i 开始接收任务的时刻为 s_i，所以对于处理机 P_1 有 $s_1=0$。处理机 P_i 的开始时间 s_i 与前一个处理机 P_{i-1} 的开始时间 s_{i-1} 以及 P_{i-1} 接收子任务 α_{i-1} 的传输时间 $e+z\alpha_{i-1}$ 有关。调度过程如图 1.2 所示。

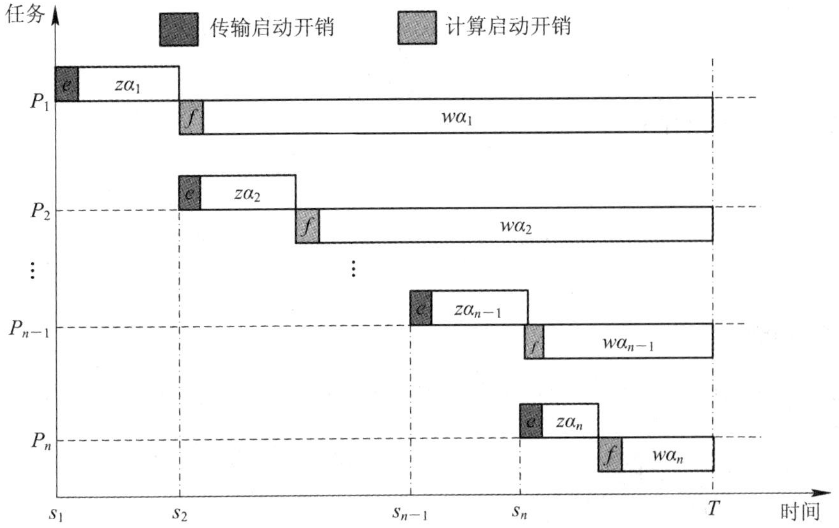

图 1.2　一种可能的时序调度图

已有研究证明了只有当所有处理机同时完成计算时，任务的完成时间最短，否则完全可以将后完成计算的处理机上的部分任务分配给先完成计算的处理机去执行。由所有处理机同时完成计算可以得到下面的等式：

$$s_1+e+z\alpha_1+f+w\alpha_1=s_2+e+z\alpha_2+f+w\alpha_2=\cdots=s_n+e+z\alpha_n+f+w\alpha_n \tag{1-2}$$

观察图 1.2 可以看出

$$s_i=s_{i-1}+e+z\alpha_{i-1}$$

因此，式(1-2)可以化简为

$$\alpha_i = \lambda + d\alpha_{i-1} \tag{1-3}$$

其中，$\lambda = -\dfrac{e}{z+w}$，$d = \dfrac{w}{z+w}$。

递推式(1-3)可得

$$\alpha_i = \lambda \sum_{k=0}^{i-2} d^k + d^{i-1}\alpha_1 \quad (i = 2, 3, \cdots, n) \tag{1-4}$$

又因为 $\sum_{i=1}^{n} \alpha_i = W_{\text{total}}$，结合式(1-4)可得

$$\alpha_1 = \frac{W_{\text{total}} - \lambda \sum_{k=0}^{n-1} \sum_{j=0}^{k} d^j}{\sum_{i=0}^{n} d^i}$$

由图 1.2 可以得出任务的完成时间为

$$T = e + f + (z+w)\alpha_1 = e + f + (z+w)\left[\frac{W_{\text{total}} - \lambda \sum_{k=0}^{n-1} \sum_{j=0}^{k} d^j}{\sum_{i=0}^{n} d^i}\right] \tag{1-5}$$

3. 建立优化模型

下面给出考虑启动开销的可分任务调度优化模型：

$$\min_n T = \min_n \left[e + f + (z+w)\left(\frac{W_{\text{total}} - \lambda \sum_{k=0}^{n-1} \sum_{j=0}^{k} d^j}{\sum_{i=0}^{n} d^i}\right)\right]$$

其中，$0 < n \leqslant N$。模型的目标是任务的完成时间最短。模型的约束条件表示并非所有的处理机都参与计算。

每个处理机需要计算的任务量如下：

$$\alpha_1 = \frac{W_{\text{total}} - \lambda \sum_{k=0}^{n-1} \sum_{j=0}^{k} d^j}{\sum_{i=0}^{n} d^i}$$

$$\alpha_i = \lambda \sum_{k=0}^{i-2} d^k + d^{i-1}\alpha_1 \quad (i = 2, 3, \cdots, n)$$

其中，$\lambda = -\dfrac{e}{z+w}$，$d = \dfrac{w}{z+w}$。

1.3　异构网络可分任务调度问题的优化建模方法

1. 问题描述

设有 $N+1$ 台处理机通过星型网络互连，如图 1.3 所示，其中 P_0 为主处理机，P_i ($i=1, 2, \cdots, N$)为从处理机。主处理机只负责数据的切分和传输，从处理机负责数据的处理。设从处理机 P_i 的释放时间为 r_i（即从开始到时刻 r_i 从处理机 P_i 是非空闲的，从时刻 r_i 开始空闲，可以给其安排任务），$i=1, 2, \cdots, N$。

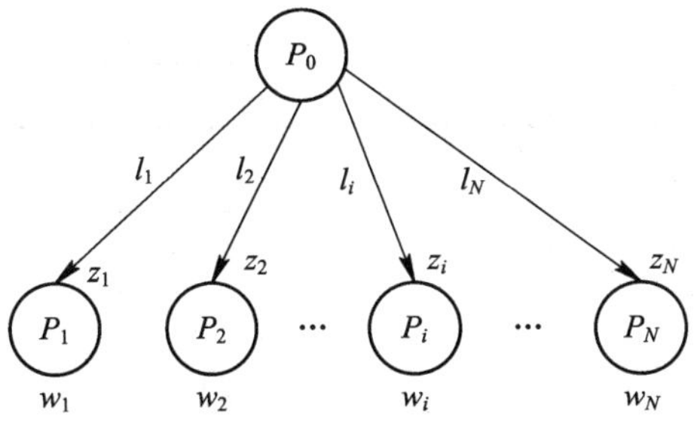

图 1.3　异构星型网络平台

设主处理机 P_0 上的数据为 W_{total}，l_i 是连接 P_0 和 P_i 的通信链路，令 z_i 表示此通信链路从 P_0 传输单位数据到 P_i 所需要的时间，则此链路传输数据块 α_i 所需的传输时间为 $z_i\alpha_i$；令 w_i 表示处理机 P_i（$i=1, 2, \cdots, N$）处理单位数据所需要的时间，则其处理分配给它的数据块 α_i 的时间为 $w_i\alpha_i$。记 $\sigma=(\sigma_1, \sigma_2, \cdots, \sigma_N)$ 为 1 ～ N 的一个排列，记 $P_S=(P_{\sigma_1}, P_{\sigma_2}, \cdots, P_{\sigma_N})$ 表示主处理机给从处理机传输数据的任一顺序，这里并不要求所有的处理机都必须参与处理数据。假设参与处理数据的处理机数目为 n，且不妨假设 P_S 的前 n 台处理机 $P_{\sigma_1}, P_{\sigma_2}, \cdots, P_{\sigma_n}$ 参与处理数据。问题是主处理机如何切分数据 W_{total}，并将切分的数据传输给哪些从处理机，使得从处理机最快完成任务。

分析：

(1) 如何切分数据包含两个意思：切分成多少个数据块？各个数据块多大？假设切分成 n 个数据块 $\alpha_1, \alpha_2, \cdots, \alpha_n$，其中 $\sum_{i=1}^{n}\alpha_i=W_{\text{total}}$。

(2) 将切分的数据块传输给哪些处理机就是要确定选哪 n 个从处理机，因为 $P_S=$

(P_{σ_1}, P_{σ_2}, …, P_{σ_N})是从处理机任意顺序的一个排列，所以，不妨设将这些数据块依次传输到从处理机 P_{σ_1}, P_{σ_2}, …, P_{σ_n} 上。

因此，问题成为：如何确定数据切分的块数 n? 切分的 n 个数据块各为多大? 选哪 n 台从处理机处理这些数据块才能使从处理机最快完成任务?

2. 建立优化模型

设选定 n 个从处理机 P_{σ_1}, P_{σ_2}, …, P_{σ_n} 处理数据，P_{σ_1}, P_{σ_2}, …, P_{σ_n} 是任意 n 个处理机。记处理机 P_{σ_i} ($i=1, 2, \cdots, n$) 开始从主处理机接收任务的时刻为 s_{σ_i}，调度过程如图 1.4 所示。

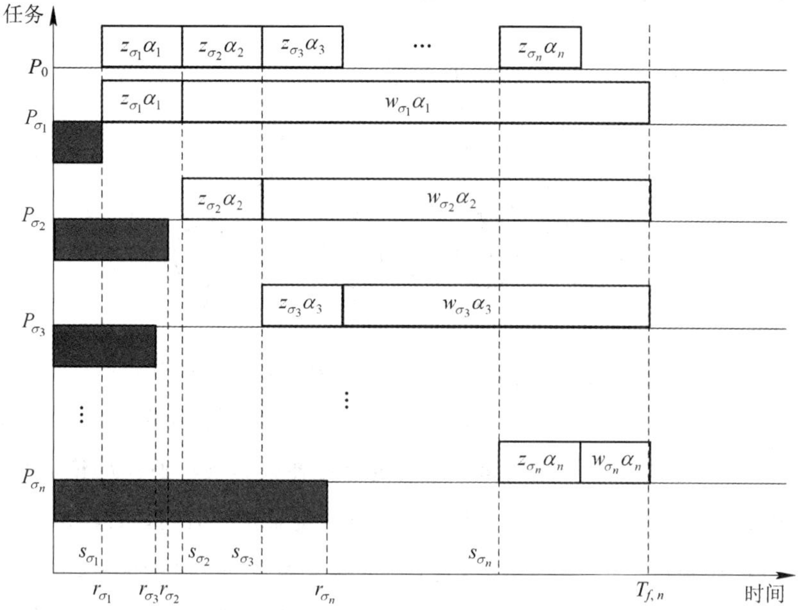

图 1.4　满足约束条件 I 的可分任务调度图

从图 1.4 中可以看出：

$$s_{\sigma_1} = r_{\sigma_1} \tag{1-6}$$

$$s_{\sigma_{i+1}} = \max\{r_{\sigma_{i+1}},\ s_{\sigma_i} + z_{\sigma_i}\alpha_i\} \tag{1-7}$$

因为任务总量为 W_{total}，所以有公式

$$\sum_{i=1}^{n}\alpha_i = W_{\text{total}} \tag{1-8}$$

要使得任务完成时间最短，需要所有处理机同时完成数据处理，因此可得

$$s_{\sigma_i}+z_{\sigma_i}\alpha_i+w_{\sigma_i}\alpha_i=s_{\sigma_{i+1}}+z_{\sigma_{i+1}}\alpha_{i+1}+w_{\sigma_{i+1}}\alpha_{i+1}\quad(i=1,2,\cdots,n-1)\tag{1-9}$$

从开始到完成所有任务的时间为

$$\max_{1\leqslant i\leqslant n}\{s_{\sigma_i}+z_{\sigma_i}\alpha_i+w_{\sigma_i}\alpha_i\}\tag{1-10}$$

综上，当选定 n 个处理机后，给这些处理机传输的数据块依次为 α_1，α_2，…，α_n，则问题化归为需要确定 P_{σ_1}，P_{σ_2}，…，P_{σ_n} 的顺序，使得任务的完成时间最短。

$$\begin{cases}\min\limits_{P_{\sigma_1}P_{\sigma_2}\cdots P_{\sigma_n}}\ \min\limits_{\alpha_1\alpha_2\cdots\alpha_n}\ \max\limits_{1\leqslant i\leqslant n}\{s_{\sigma_i}+z_{\sigma_i}\alpha_i+w_{\sigma_i}\alpha_i\}\\ \text{s. t.}\ \sum\limits_{i=1}^{n}\alpha_i=W_{\text{total}}\\ 0\leqslant\alpha_i\leqslant W_{\text{total}}\quad(1\leqslant i\leqslant n)\\ s_{\sigma_i}+(z_{\sigma_i}+w_{\sigma_i})\alpha_i=s_{\sigma_{i+1}}+(z_{\sigma_{i+1}}+\omega_{\sigma_{i+1}})\alpha_{i+1}\quad(i=1,2,\cdots,n;\ 1\leqslant n\leqslant N)\end{cases}\tag{1-11}$$

1.4　弹性光网络中选路及频谱分配问题的优化建模方法

1. 问题描述

弹性光网络的网络拓扑结构可用图表示为 $G=(V,E)$，其中，$V=\{v_1,v_2,\cdots,v_{N_V}\}$，表示网络中结点的集合，$N_V$ 表示网络中结点总数；$E=\{l_{ij}\mid v_i,v_j\in V\}$，表示网络中链路的集合，其中 l_{ij} 是结点 v_i 和 v_j 之间直接相连的光纤链路，N_E 表示网络中链路的个数。每条链路 l_{ij} 上有若干固定的频隙(能够进行信息传输的最小传输单元)可用，链路 l_{ij} 上可用频隙的集合记为 $F^{l_{ij}}=\{f_1^{l_{ij}},f_2^{l_{ij}},\cdots,f_{N_F^{l_{ij}}}^{l_{ij}}\}$，$N_F^{l_{ij}}$ 为链路 l_{ij} 上可用频隙的数目。现有被传输的信息的集合(称为业务) $R=\{r_1,r_2,\cdots,r_{N_R}\}$，其中 N_R 为请求业务总数，每个业务包含业务 r_k 的源结点 s_k、宿结点(目的结点) d_k(s_k，$d_k\in V$) 和所传输的业务量(信息量) T_k。因此每个业务 r_k($\forall r_k\in R$) 可用三元组 $r_k=(s_k,d_k,T_k)$ 表示。

弹性光网络中选路及频谱分配问题可以归结为：一批业务到来后，为每一个业务选择一条能够连通其源结点到宿结点的路径，并在该路径上为业务分配合适的频隙使某种目标最优。

2. 建立优化模型

以最小化网络中的最大占用频隙号为例进行讲解。

目标函数：网络中占用的最大频隙号最小，则目标函数可以表示为

$$\min n(F)=\min\left\{\max_{l_{ij}\in E}\{n(F_{l_{ij}})\}\right\} \tag{1-12}$$

其中，$n(F_{l_{ij}})$ 表示链路 l_{ij} 上被占用的频隙中最大的频隙号(如图 1.5 中的链路 l_{AD} 的最大占用频隙号为 7，链路 l_{DC} 的最大占用频隙号为 5)。

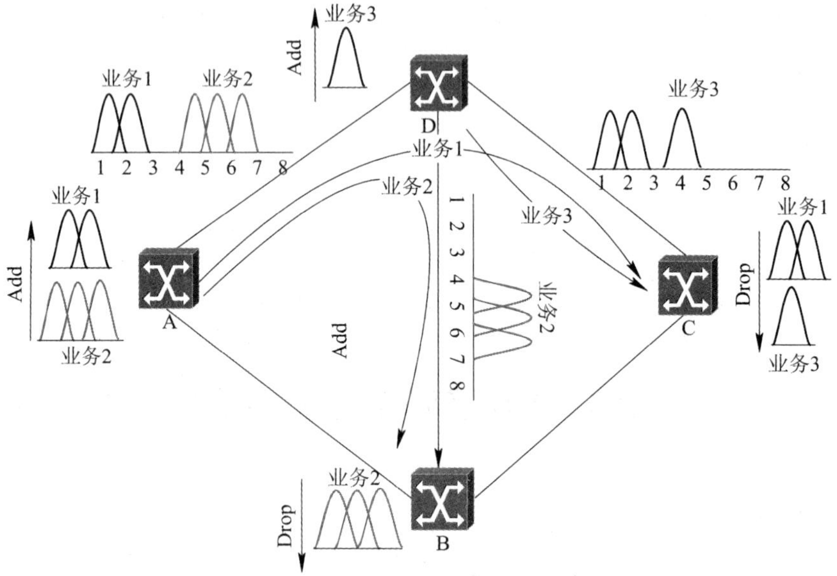

图 1.5　弹性光网络

约束(a)：业务 $r_k(\forall r_k\in R)$ 只能占用其可选的路径集合 Q_k(连通源结点与宿结点的所有路径)中的一条路径，即有

$$\sum_{q=1}^{N_{Q_k}} x_k^q=1,\quad \forall r_k\in R \tag{1-13}$$

其中，$Q_k=\{Q_k^1, Q_k^2, \cdots, Q_k^q, \cdots, Q_k^{N_{Q_k}}\}$，$N_{Q_k}$ 表示集合 Q_k 中路径的数量；x_k^q 是布尔变量，当且仅当业务 r_k 占用集合 Q_k 中的路径 Q_k^q 时 $x_k^q=1$，否则 $x_k^q=0$。

约束(b)：频隙一致性。业务 $r_k(\forall r_k\in R)$ 在所经过的链路中占用频隙的起始频隙号必须一致(如图 1.5 中的业务 2 在链路 l_{AD} 和 l_{DB} 中的起始频隙号均为 4)：

$$f_{k,q}^{l_{ij}}=f_{k,q}^{l_{i'j'}},\ \forall r_k\in R \tag{1-14}$$

其中，l_{ij} 和 $l_{i'j'}$ 是业务 r_k 所占路径 Q_k^q 中的任意两个不同链路；$f_{k,q}^{l_{ij}}$ 和 $f_{k,q}^{l_{i'j'}}$ 分别表示业务 r_k 在链路 l_{ij} 和 $l_{i'j'}$ 中所占用频隙的起始频隙号。

约束(c)：频隙连续性。业务 r_k 不能被拆分成若干个小业务，只能将若干个连续的频隙分配给业务 r_k(如图 1.5 中的业务 1 在链路 l_{AD} 上占用 1 号和 2 号频隙，3 号频隙是用于区分业务 1 和业务 2 的保护频隙)，则有

$$\sum_{u=f_{k,q}^{l_{ij}}}^{f_{k,q}^{l_{ij}}+\lceil T_k/C_{fs}\rceil+G_f-1} \phi_{k,q}^{u,l_{ij}} = \lceil T_k/C_{fs}\rceil + G_f, \quad \forall r_k \in R \tag{1-15}$$

其中，C_{fs} 是一个频隙所能传输的业务量；G_f 是保护频隙数；$\phi_{k,q}^{u,l_{ij}}$ 是布尔变量，当且仅当路径 Q_k^q 中的链路 l_{ij} 上的频隙 f_u 分配给业务 r_k 时有 $\phi_{k,q}^{u,l_{ij}}=1$，否则 $\phi_{k,q}^{u,l_{ij}}=0$。

约束(d)：业务在链路上所占用的最大频隙应不大于该链路上频隙的总数目(如图 1.5 中的业务 2 在链路 l_{AD} 上占用的最后一个频隙号 6 小于链路 l_{AD} 上拥有的频隙数 8)，即有

$$f_{k,q}^{l_{ij}} + \lceil T_k/C_{fs}\rceil \leqslant N_F^{l_{ij}}, \ \forall r_k \in R, \ \forall l_{ij} \in E \tag{1-16}$$

约束(e)：同一个链路的两个业务所占频隙无重叠。同一个频隙不能分配给两个不同的业务，对于两个不同的业务 r_k 和 r'_k，在其占用的路径 Q_k^q 和 $Q_{k'}^{q'}$ 中具有公共链路 l_{ij}，若业务 r_k 占用频隙号为从 $f_{k,q}^{l_{ij}}$ 到 $f_{k,q}^{l_{ij}}+\lceil T_k/C_{fs}\rceil+G_f-1$ 的频隙时，则有

$$\sum_{u=f_{k,q}^{l_{ij}}}^{f_{k,q}^{l_{ij}}+\lceil T_k/C_{fs}\rceil+G_f-1} (\phi_{k,q}^{u,l_{ij}} \times (1-\phi_{k',q'}^{u,l_{ij}})) = \lceil T_k/C_{fs}\rceil + G_f, \quad \forall r_k, r_{k'} \in R \tag{1-17}$$

因此，光网络中以最小化最大占用频隙号为目标的全局约束优化模型可以表示为

$$\begin{cases} \min n(F) = \min\{\max\limits_{l_{ij}\in E}\{n(F_{l_{ij}})\}\} \\ \text{s.t.} \quad \sum\limits_{q=1}^{N_{Q_k}} x_k^q = 1 \qquad (\forall r_k \in R) \\ \qquad f_{k,q}^{l_{ij}} = f_{k,q}^{l_{i'j'}} \qquad (\forall r_k \in R) \\ \qquad \sum\limits_{u=f_{k,q}^{l_{ij}}}^{f_{k,q}^{l_{ij}}+\lceil T_k/C_{fs}\rceil+G_f-1} \phi_{k,q}^{u,l_{ij}} = \lceil T_k/C_{fs}\rceil + G_f \qquad (\forall r_k \in R) \\ \qquad f_{k,q}^{l_{ij}} + \lceil T_k/C_{fs}\rceil \leqslant N_F^{l_{ij}} \qquad (\forall r_k \in R, \forall l_{ij} \in E) \\ \qquad \sum\limits_{u=f_{k,q}^{l_{ij}}}^{f_{k,q}^{l_{ij}}+\lceil T_k/C_{fs}\rceil+G_f-1} (\phi_{k,q}^{u,l_{ij}} \times (1-\phi_{k',q'}^{u,l_{ij}})) = \lceil T_k/C_{fs}\rceil + G_f \qquad (\forall r_k, r_{k'} \in R) \end{cases} \tag{1-18}$$

1.5 聚类问题的优化建模方法

1. 问题描述

聚类分析是将给定的未知分布的一组数据，利用数据之间的某种相似性质，将数据集划分成若干不相交的子集，其中每个子集作为一类。聚类分析一般把整个数据集划分成几个类来描述，这样人们可以相对方便地获取隐藏在数据集中的信息。目前聚类算法大体分为基于划分的聚类算法(如 K-means 算法)、基于层次的聚类算法(如 BIRCH 算法)、基于密度的聚类算法(如 DBSCAN 算法)、基于网格的聚类算法(如 CLIQUE 算法)和基于模型的聚类算法(如 COBWEB 算法)。

假设样本集包含 n 个无标记样本 $D=\{\boldsymbol{X}_1, \boldsymbol{X}_2, \cdots, \boldsymbol{X}_n\}$，任意样本 $\boldsymbol{X}_i=(x_{i1}, x_{i2}, \cdots, x_{id})$ 是一个 d 维向量。将给定的样本集根据某种相似度准则划分为若干个互不相交的子集，使得子集内样本的相似性尽可能大，不同子集中样本的相似性尽可能小。用欧氏距离作为相似性度量准则是一种直观的度量方式，即样本间距离越小，可认为它们的相似性越高，反之相似性越低。

2. 建立优化模型

假设给定样本集 $D=\{\boldsymbol{X}_1, \boldsymbol{X}_2, \cdots, \boldsymbol{X}_n\}$，其中 $\boldsymbol{X}_i=(x_{i1}, x_{i2}, \cdots, x_{id})$，将样本集 D 划分为 k 个互不相交的类 $C_1, C_2, \cdots, C_k$，使得属于一个类的样本尽可能相似，属于不同类的样本相似度较小。现将样本之间的欧氏距离作为样本的相似度度量，即样本之间的距离越小，相似度越大。

给定一个类，该类的所有样本到该类中心的距离越小，那么该类样本的相似度越大。对于给定的一个划分 $C=\{C_1, C_2, \cdots, C_k\}$，我们认为，所有类的样本到其中心的距离平方和最小则是最好的划分。即

$$\begin{cases} \min \sum_{i=1}^{k} \sum_{X_j \in C_i} \| \boldsymbol{X}_j - M_i \|^2 \\ \text{s.t.} \quad \bigcup_{i=1}^{k} C_i = D \\ \qquad\ C_i \cap C_j = \varnothing \\ \qquad\ i, j \in \{1, 2, \cdots, k\} \\ \qquad\ i \neq j \end{cases} \tag{1-19}$$

其中，第 i 类 C_i 的中心为 $M_i = \frac{1}{|C_i|}\sum_{X\in C_i} X\ (1 \leqslant i \leqslant k)$。

1.6　多元线性回归问题的优化建模方法[8]

1. 问题描述

设某事物 $\boldsymbol{x}$ 有 n 个属性(特征) $x_1, x_2, \cdots, x_n$(在实际问题中，属性是要经过选择的)，这些属性构成一个属性向量 $\boldsymbol{x} = (x_1, x_2, \cdots, x_n)^{\mathrm{T}}$。$\boldsymbol{x}^k = (x_{1k}, x_{2k}, \cdots, x_{nk})^{\mathrm{T}}$ 是属性向量 $\boldsymbol{x}$ 的第 k 次观测值，也称为各属性的第 k 个样本($k=1, 2, \cdots, m$)，其中 x_{ik} 为第 k 个样本的第 i 个属性值($i=1, 2, \cdots, n$)。对每个样本 $\boldsymbol{x}^k$，都有评价该样本好坏的一个观测值 $y_k \in R(k = 1, 2, \cdots, m)$。

给定数据集 $D = \{(\boldsymbol{x}^1, y_1), (\boldsymbol{x}^2, y_2), \cdots, (\boldsymbol{x}^m, y_m)\}$，现要找一个可评价任一个属性向量好坏的函数 $\boldsymbol{y} = f(\boldsymbol{x})$，$\boldsymbol{x} \in R^n$，使得在给定数据集 D 上的误差最小。

2. 建立优化模型

多元函数 $\boldsymbol{y}=f(\boldsymbol{x})$的形式可以多种多样，若 $\boldsymbol{y} = f(\boldsymbol{x}) = \boldsymbol{\omega}^{\mathrm{T}}\boldsymbol{x}+b$ 为多元线性函数，其中 $\boldsymbol{\omega} = (\omega_1, \omega_2, \cdots, \omega_n)^{\mathrm{T}}$，$b \in R$ 为给定参数，则称求函数 $\boldsymbol{y} = f(\boldsymbol{x}) = \boldsymbol{\omega}^{\mathrm{T}}\boldsymbol{x}+b$ 使在数据集 D 上误差最小的问题为多元线性回归问题。

记 $\bar{\boldsymbol{\omega}} = \begin{bmatrix}\omega \\ b\end{bmatrix}$ 为待求参数构成的向量，

$$\bar{\boldsymbol{x}} = \begin{bmatrix}\boldsymbol{x} \\ 1\end{bmatrix}, \quad \bar{\boldsymbol{y}} = (y_1, y_2, \cdots, y_m)^{\mathrm{T}}$$

则只要能确定 $\bar{\boldsymbol{\omega}}$，就能得到函数

$$\boldsymbol{y} = \boldsymbol{\omega}^{\mathrm{T}}\boldsymbol{x} + b = \bar{\boldsymbol{\omega}}^{\mathrm{T}}\bar{\boldsymbol{x}}$$

令

$$\bar{\boldsymbol{D}} = \begin{bmatrix}\boldsymbol{x}^1 & \boldsymbol{x}^2 & \cdots & \boldsymbol{x}^m \\ 1 & 1 & \cdots & 1\end{bmatrix} = \begin{bmatrix}x_{11} & x_{12} & \cdots & x_{1m} \\ x_{21} & x_{22} & \cdots & x_{2m} \\ \vdots & \vdots & & \vdots \\ x_{n1} & x_{n2} & \cdots & x_{nm} \\ 1 & 1 & \cdots & 1\end{bmatrix}$$

于是，$\boldsymbol{y} = \bar{\boldsymbol{\omega}}^{\mathrm{T}} \bar{\boldsymbol{x}}$ 在数据集 D 上的误差为

$$(\bar{\boldsymbol{y}} - \bar{\boldsymbol{D}}^{\mathrm{T}} \bar{\boldsymbol{\omega}})^{\mathrm{T}} (\bar{\boldsymbol{y}} - \bar{\boldsymbol{D}}^{\mathrm{T}} \bar{\boldsymbol{\omega}})$$

故最小误差为

$$\min_{\bar{\omega}} (\bar{\boldsymbol{y}} - \bar{\boldsymbol{D}}^{\mathrm{T}} \bar{\boldsymbol{\omega}})^{\mathrm{T}} (\bar{\boldsymbol{y}} - \bar{\boldsymbol{D}}^{\mathrm{T}} \bar{\boldsymbol{\omega}})$$

求出 $\overline{\omega_1}$ 便可得到函数 $\boldsymbol{y} = \boldsymbol{\omega}^{\mathrm{T}} \boldsymbol{x} + b$。

1.7　旅行商问题的优化建模方法

1. 问题描述

旅行商问题(The Traveling Salesman Problem，TSP)可以描述如下：设有 $n+1$ 个城市，第 i 个城市与第 j 个城市间的距离为 c_{ij}（c_{ji} 不必等于 c_{ij}）。现要找一条从某城市出发，经过每个城市一次且最后返回出发城市的路径，使此路径长度最短。

2. 建立优化模型

若用一个图来表示城市间的关系 $G=(V, E)$，每个城市用图的一个顶点表示，编号分别为 0，1，2，…，n，顶点总数为 $n+1$ 个，c_{ij} 表示连接了顶点 i 和顶点 j 的弧长，现对每条弧 $\langle i, j\rangle$ 定义一个变量 x_{ij} 如下：

$$x_{ij} = \begin{cases} 1，若弧 \langle i, j\rangle \in E \\ 0，否则 \end{cases}$$

则 TSP 可化为如下数学模型：

$$\begin{cases} \min \sum_{i=0}^{n} \sum_{j=0,\ j\neq i}^{n} c_{ij} x_{ij} \\ \text{s. t. } \sum_{j=0}^{n} x_{ij} = 1 \quad (i = 0, 1, \cdots, n) \\ \qquad \sum_{i=0}^{n} x_{ij} = 1 \quad (j = 0, 1, \cdots, n) \\ \qquad x_{ij} = 0 \text{ 或 } 1 \end{cases} \tag{1-20}$$

注意：上述的第一个约束条件表示对一条合法路径而言，每一个顶点 i 只有一条弧离开顶点 i(或 i 的下一个顶点只能是除 i 之外的一个顶点)；类似地，第二个约束条件表示每

一个顶点 j 只有一条弧进入了顶点 j。然而这两个条件不足以保证所求路径为一条合法路径。如任意两条封闭的分离子路径均满足这两个条件。两个 TSP 的合法路径如图 1.6 所示。

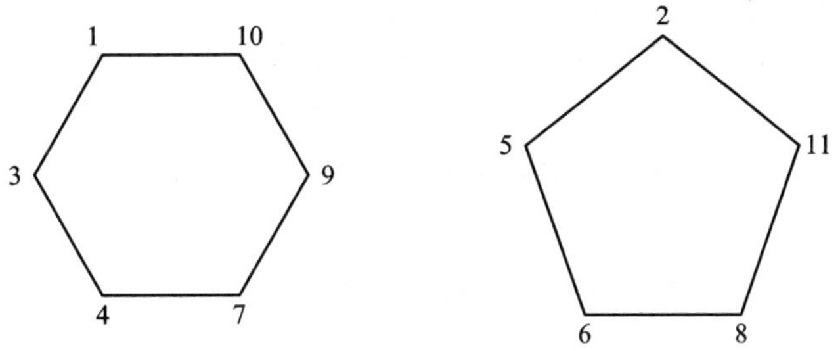

图 1.6　两个 TSP 的合法路径

为了避免出现上述情形，可引入如下的约束条件(暂不证明，后面会给出证明)。

$$u_i - u_j + nx_{ij} \leqslant n-1 \quad (1 \leqslant i \neq j \leqslant n)$$

其中，$u_i (i = 1, 2, \cdots, n)$ 为人工变量。加入此条件后，便可避免出现不可行路径。于是，TSP 可化为如下数学模型：

$$\begin{cases} \min \sum_{i=0}^{n} \sum_{j=0,\ j\neq i}^{n} c_{ij}x_{ij} & \\ \text{s.t.} \sum_{j=0}^{n} x_{ij} = 1 \quad (i = 0, 1, \cdots, n) & (1) \\ \sum_{i=0}^{n} x_{ij} = 1 \quad (j = 0, 1, \cdots, n) & (2) \\ u_i - u_j + nx_{ij} \leqslant n-1 \quad (1 \leqslant i \neq j \leqslant n,\ u_i \in Z) & (3) \\ x_{ij} = 0 \text{ 或 } 1 & \end{cases} \tag{1-21}$$

该模型含有离散和连续变量，为一个混合 0-1 线性规划问题(MZOLP)。

条件(1)为对每个顶点 j，恰有一条弧进入该顶点；条件(2)为对每个顶点 i，恰有一条弧离开该顶点。满足条件(1)和(2)只能保证对每个结点而言，只有一条弧进入它，且有一条弧离开它，故满足(1)、(2)或者是一条合法的闭合路径，或者是由若干个互不相连的闭合子路径组成的一条不合法的路径；条件(3)的作用是限制 MZOLP 的可行解一定是一条合法路径，而且不排除任何合法的闭合路径。

引理 1.1　对任一条合法的闭合路径，都有一组 $u_i \in Z$，使约束(3)成立。

证明 对任一条合法的闭合路径，为了不失一般性，定义起点为 0 号顶点(同时它也是终点)，若顶点 i 为从顶点 0 出发时的第 t 个顶点，则令 $u_i = t$，$t = 1, 2, \cdots, n$，对任意两个顶点 i、$j(1 \leqslant i \neq j \leqslant n)$ 则：

(1) 若 $x_{ij} = 0$，由于 u_i 不大于 n 而 u_j 不小于 1，故 $u_i - u_j \leqslant n - 1$，故 $u_i - u_j + nx_{ij} \leqslant n - 1(1 \leqslant i \neq j \leqslant n)$ 成立。

(2) 若 $x_{ij} = 1$，则(i, j)是路径中的一条边，于是，$u_i - u_j = -1$，从而 $u_i - u_j + nx_{ij} \leqslant n - 1$ 仍成立，证毕。

引理 1.2 满足约束的每个解对应的路径一定是一条合法的闭合路径。

证明 由于可行解满足约束(1)和(2)，故对应的路径或者是一条合法的闭合路径，或者是由若干个互不相连的闭合子路径组成的。若是前者，结论成立；若是后者，则其中任意一条闭合子路径都只含有全部顶点中的一部分，于是对其中任一条不经过 0 号顶点的闭合子路径 $\{i_1, i_2, \cdots, i_k, i_1\}$，即 $i_j \neq 0(j = 1, 2, \cdots, k; 1 < k < n+1)$，而 $n+1$ 为顶点总数。于是对这个闭合子路径，根据条件(3)可得

$$\begin{cases} u_{i_j} - u_{i_{j+1}} + n \leqslant n - 1 & (j = 1, 2, \cdots, k-1) \\ u_{i_k} - u_{i_1} + n \leqslant n - 1 \end{cases}$$

累加这些不等式，得到 $kn \leqslant k(n-1)$，从而产生矛盾。故后一种情形不成立。

因此，满足 MZOLP 约束的解一定对应一条合法的闭合路径。证毕。

1.8 最可靠路径问题的优化建模方法

1. 问题描述

通信网中路径的可靠性可以归结为：若网络节点 i 到节点 j 的弧是畅通的概率为 p_{ij}，则一个通路畅通的概率就等于此通路上每条弧是畅通的概率之积，我们的任务是在网络中找到一条从一个指定节点到另一个指定节点最可靠的通路。

2. 建立优化模型

分析：根据图论的基础知识，我们可以将寻找最可靠路径的问题转化为最短路问题。

设 G 为一个有向图，其上的每条弧$\langle x, y\rangle$被赋予一个数 l_{xy} 来表示弧$\langle x, y\rangle$的长度(在实际中，这里长度也可能是花费或其他值)，一条通路的长定义为通路上各弧的长度之和。一条从节点 x 到节点 y 的最短路就是一条从 x 到 y 的总长度最小的通路。

定义从节点 i 到节点 j 的弧的长度为

$$l_{ij} = -\log p_{ij} = \log \frac{1}{p_{ij}}$$

则问题 $\max \prod_{(i,j)\in \text{path}} p_{ij}$ 可化为如下的最短路问题：

$$\min \log \prod_{(i,j)\in \text{path}} \frac{1}{p_{ij}} = \min \sum_{(i,j)\in \text{path}} l_{ij} \tag{1-22}$$

1.9　基于主成分分析的降维问题优化建模方法[8]

主成分分析(Principal Component Analysis，PCA)是一种常用的降维方法，它设法将原来众多具有一定相关性的指标重新组合成一组新的互相无关的综合指标，来尽可能多地保留原始变量的信息。

1. 基本思想和模型建立

设 $\boldsymbol{x}_i = (x_{i1}, x_{i2}, \cdots, x_{in})^{\mathrm{T}} \in \mathbf{R}^n$ 为第 i 个样本，其为 n 维列向量，$X_i = (x_1, x_2, \cdots, x_m)$ 为有 m 个样本的样本集合特征样本空间，以 $x_1, x_2, \cdots, x_m$ 为列的 n 行 m 列矩阵记为 $\boldsymbol{X} = [x_1, x_2, \cdots, x_m]$。当样本点 x_i 的维数很高时，这些数据样本在 n 维空间的分布通常是稀疏的，这些 n 维样本实际可能只属于一个低维的子空间，如属于某个 d 维子空间 $(d < n)$。例如下面 4 个 $n = 3$ 维样本点：

$$\boldsymbol{x}_1 = \begin{bmatrix}1\\1\\0\end{bmatrix}, \quad \boldsymbol{x}_2 = \begin{bmatrix}2\\2\\0\end{bmatrix}, \quad \boldsymbol{x}_3 = \begin{bmatrix}1\\0\\0\end{bmatrix}, \quad \boldsymbol{x}_4 = \begin{bmatrix}0\\1\\0\end{bmatrix}$$

第三个坐标均为 0，故这 4 个点表面上看都位于 (x, y, z) 构成的 3 维空间中，但实际上，它们属于由 $z = 0$ 构成的 $d = 2$ 维子空间，即 (x, y) 构成的平面。这时可将这些 n 维样本映射(投影)到其属于的 d 维空间中。

假设 n 维样本点 $\boldsymbol{x}_i$ 投影到 d 维子空间的投影点为 $\hat{\boldsymbol{x}}_i$，d 维子空间的一组标准正交基为 $w_1, w_2, \cdots, w_d$，其中 $\boldsymbol{w}_i = (x_{i1}, x_{i2}, \cdots, x_{in})^{\mathrm{T}} \in \mathbf{R}^n$，以 $w_1, w_2, \cdots, w_d$ 为列的矩阵记为 $\boldsymbol{W} = [w_1, w_2, \cdots, w_d]$，则

$$\boldsymbol{W}^{\mathrm{T}}\boldsymbol{W} = \boldsymbol{E} \quad (d \text{ 阶单位矩阵})$$

即

$$\boldsymbol{w}_i^{\mathrm{T}}\boldsymbol{w}_j = 0 \quad (i \neq j)$$
$$\boldsymbol{w}_i^{\mathrm{T}}\boldsymbol{w}_i = 1 \quad (i = 1, 2, \cdots, d)$$

这样 $\hat{\boldsymbol{x}}_i$ 可由正交基 w_1，w_2，…，w_d 线性表出：

$$\hat{\boldsymbol{x}}_i = z_{i1} w_1 + z_{i2} w_2 + \cdots + z_{id} w_d = \boldsymbol{W}\boldsymbol{z}_i$$

其中，$\boldsymbol{z}_i = (z_{i1}, z_{i2}, \cdots, z_{id})^{\mathrm{T}}$ 为 $\hat{\boldsymbol{x}}_i$ 在基 w_1，w_2，…，w_d 下的坐标，即 x 的投影点 $\hat{\boldsymbol{x}}_i$ 的坐标，第 j 个坐标就是 $\boldsymbol{x}_i$ 在 $\boldsymbol{w}_j$ 上的投影 $\boldsymbol{z}_{ij}$，它的值为 $\boldsymbol{x}_i$ 和 $\boldsymbol{w}_j$ 的内积，即

$$\boldsymbol{z}_{ij} = \boldsymbol{w}_j^{\mathrm{T}} \boldsymbol{x}_i \quad (j = 1, 2, \cdots, d)$$

写成矩阵形式

$$\boldsymbol{Z}_i = \boldsymbol{W}^{\mathrm{T}} \boldsymbol{x}_i$$

$\boldsymbol{x}_i$ 与 $\hat{\boldsymbol{x}}_i$ 间欧氏距离平方为

$$\begin{aligned}
\| \hat{\boldsymbol{x}}_i - \boldsymbol{x}_i \|^2 &= (\hat{\boldsymbol{x}}_i - \boldsymbol{x}_i)^{\mathrm{T}} (\hat{\boldsymbol{x}}_i - \boldsymbol{x}_i) = \hat{\boldsymbol{x}}_i^{\mathrm{T}} \hat{\boldsymbol{x}}_i - 2\hat{\boldsymbol{x}}_i^{\mathrm{T}} \boldsymbol{x}_i + \boldsymbol{x}_i^{\mathrm{T}} \boldsymbol{x}_i \\
&= \boldsymbol{z}_i^{\mathrm{T}} \boldsymbol{W}^{\mathrm{T}} \boldsymbol{W} \boldsymbol{z}_i - 2\boldsymbol{z}_i^{\mathrm{T}} \boldsymbol{W}^{\mathrm{T}} \boldsymbol{x}_i + \boldsymbol{x}_i^{\mathrm{T}} \boldsymbol{x}_i \\
&= \boldsymbol{z}_i^{\mathrm{T}} \boldsymbol{z}_i - 2\boldsymbol{x}_i^{\mathrm{T}} \boldsymbol{W} \boldsymbol{W}^{\mathrm{T}} \boldsymbol{x}_i + \boldsymbol{x}_i^{\mathrm{T}} \boldsymbol{x}_i \\
&= - \boldsymbol{x}_i^{\mathrm{T}} \boldsymbol{W} \boldsymbol{W}^{\mathrm{T}} \boldsymbol{x}_i + \boldsymbol{x}_i^{\mathrm{T}} \boldsymbol{x}_i
\end{aligned}$$

因为 $\boldsymbol{x}_i$ 均为给定的样本点，所以 $\boldsymbol{x}_i^{\mathrm{T}} \boldsymbol{x}_i$ 为常数。于是

$$\begin{aligned}
\sum_{i=1}^{m} \| \hat{\boldsymbol{x}}_i - \boldsymbol{x}_i \|^2 &= \sum_{i=1}^{m} [- \boldsymbol{x}_i^{\mathrm{T}} \boldsymbol{W} \boldsymbol{W}^{\mathrm{T}} \boldsymbol{x}_i + \boldsymbol{x}_i^{\mathrm{T}} \boldsymbol{x}_i] \\
&= \sum_{i=1}^{m} - \boldsymbol{x}_i^{\mathrm{T}} \boldsymbol{W} \boldsymbol{W}^{\mathrm{T}} \boldsymbol{x}_i + C
\end{aligned} \tag{1-23}$$

其中，C 为常数。

注意到

$$\sum_{i=1}^{m} \boldsymbol{S}_i^{\mathrm{T}} \boldsymbol{S}_i = \mathrm{tr}\left([\boldsymbol{S}_1, \boldsymbol{S}_2, \cdots, \boldsymbol{S}_m] \begin{bmatrix} \boldsymbol{S}_1^{\mathrm{T}} \\ \boldsymbol{S}_2^{\mathrm{T}} \\ \vdots \\ \boldsymbol{S}_m^{\mathrm{T}} \end{bmatrix} \right) = \mathrm{tr}(\boldsymbol{S}\boldsymbol{S}^{\mathrm{T}}) = \mathrm{tr}(\boldsymbol{S}^{\mathrm{T}}\boldsymbol{S})$$

其中，$\boldsymbol{S} = [\boldsymbol{S}_1, \boldsymbol{S}_2, \cdots, \boldsymbol{S}_m]$ 为以 $\boldsymbol{S}_1$，$\boldsymbol{S}_2$，…，$\boldsymbol{S}_m$ 为列的矩阵。

再令 $\boldsymbol{S}_i = \boldsymbol{z}_i = \boldsymbol{W}^{\mathrm{T}} \boldsymbol{x}_i$，则有

$$\boldsymbol{S} = \boldsymbol{W}^{\mathrm{T}} \boldsymbol{X}$$

于是

$$\begin{aligned}
\sum_{i=1}^{m} \| \hat{\boldsymbol{x}}_i - \boldsymbol{x}_i \|^2 &= C - \sum_{i=1}^{m} \boldsymbol{S}_i^{\mathrm{T}} \boldsymbol{S}_i \\
&= C - \mathrm{tr}(\boldsymbol{S}\boldsymbol{S}^{\mathrm{T}})
\end{aligned}$$

$$= C - \mathrm{tr}(\boldsymbol{W}^{\mathrm{T}}\boldsymbol{X}\boldsymbol{X}^{\mathrm{T}}\boldsymbol{W}) \tag{1-24}$$

主成分分析就是求矩阵 $\boldsymbol{W}$ 使 $\sum_{i=1}^{m} \| \hat{\boldsymbol{x}}_i - \boldsymbol{x}_i \|^2$ 最小，即样本点到其低维投影点距离平方之和最小。这等同于求 $\boldsymbol{W}$ 使 $\mathrm{tr}(\boldsymbol{W}^{\mathrm{T}}\boldsymbol{X}\boldsymbol{X}^{\mathrm{T}}\boldsymbol{W})$ 最大。而 $\boldsymbol{W}$ 满足 $\boldsymbol{W}^{\mathrm{T}}\boldsymbol{W} = \boldsymbol{E}$（$d$ 阶单位阵），于是主成分分析的数学模型为

$$\begin{cases} \max\limits_{\boldsymbol{W}} \mathrm{tr}(\boldsymbol{W}^{\mathrm{T}}\boldsymbol{X}\boldsymbol{X}^{\mathrm{T}}\boldsymbol{W}) \\ \text{s. t.}\ \boldsymbol{W}^{\mathrm{T}}\boldsymbol{W} = \boldsymbol{E} \end{cases} \tag{1-25}$$

上式等价于

$$\begin{cases} \max\limits_{\boldsymbol{W}} \sum_{i=1}^{d} \boldsymbol{w}_i^{\mathrm{T}}\boldsymbol{X}\boldsymbol{X}^{\mathrm{T}}\boldsymbol{w}_i \\ \text{s. t.}\ \boldsymbol{W}^{\mathrm{T}}\boldsymbol{W} = \boldsymbol{E} \end{cases} \tag{1-26}$$

2. 模型的求解方法

用拉格朗日乘子法将上述问题转化为

$$\max_{\boldsymbol{W}} \left[\sum_{i=1}^{d} \boldsymbol{w}_i^{\mathrm{T}}\boldsymbol{X}\boldsymbol{X}^{\mathrm{T}}\boldsymbol{w}_i - \sum_{i=1}^{d} \lambda_i (\boldsymbol{w}_i^{\mathrm{T}}\boldsymbol{w}_i - 1) \right]$$

由最优解的必要条件(极值点必为驻点)可得，上面函数对 $\boldsymbol{w}_i$ 求梯度为 0。于是可得

$$\boldsymbol{X}\boldsymbol{X}^{\mathrm{T}}\boldsymbol{w}_i - \lambda_i \boldsymbol{w}_i = 0,\ i = 1, 2, \cdots, d$$

于是 $\boldsymbol{w}_i$ 满足 $\boldsymbol{X}\boldsymbol{X}^{\mathrm{T}}\boldsymbol{w}_i = \lambda_i \boldsymbol{w}_i$，即 λ_i 为 $\boldsymbol{X}\boldsymbol{X}^{\mathrm{T}}$ 的特征值，$\boldsymbol{w}_i$ 为 $\boldsymbol{X}\boldsymbol{X}^{\mathrm{T}}$ 对应于 λ_i 的特征向量。于是求 $\boldsymbol{X}\boldsymbol{X}^{\mathrm{T}}$ 最大的 d 个特征值：$\lambda_1 \geqslant \lambda_2 \geqslant \cdots \geqslant \lambda_d$，对应的相互正交且单位化的特征向量分别为 $\boldsymbol{w}_1, \boldsymbol{w}_2, \cdots, \boldsymbol{w}_d$，则解为

$$\boldsymbol{W} = [\boldsymbol{w}_1, \boldsymbol{w}_2, \cdots, \boldsymbol{w}_d]$$

1.10　二分类问题的优化建模方法[8-9]

1.10.1　基于投影点的二分类问题的优化建模

给定数据集 $D = \{(x_i, y_i) \mid i = 1, 2, \cdots, m\}$，其中 $\boldsymbol{x}_i = (x_{i1}, x_{i2}, \cdots, x_{in})^{\mathrm{T}} \in \mathbf{R}^n$ 为第 i 个样本，$y_i = 0$ 或 1 为 $\boldsymbol{x}_i$ 的类标号(标签)，令 X_j 为第 j 类样本集合，μ_j 和 $\boldsymbol{\Sigma}_j$ 为第 j 类样本均值和协方差矩阵（$j = 0, 1$）。基于投影点的分类方法设法将样本投影到一条要寻找的直线上，使得同类样本的投影点尽可能接近，异类样本的投影点尽可能远离。在对一个

新样本进行分类时，将其投影到这条直线上，据投影点的位置来确定新样本点的类别。

设样本 $\boldsymbol{x}_i = (x_{i1}, x_{i2}, \cdots, x_{in})^{\mathrm{T}} \in \mathbf{R}^n$，要投影到的直线的方向向量设为 $\boldsymbol{\omega} = (\omega_1, \omega_2, \cdots, \omega_n)^{\mathrm{T}}$，$\boldsymbol{\omega}^{\mathrm{T}}\boldsymbol{\omega} = 1$，即方向向量为单位向量。不妨设投影的直线过原点 $\boldsymbol{O} = (0, 0, \cdots, 0)^{\mathrm{T}}$，故投影的直线方程为

$$\frac{x_1 - 0}{\omega_1} = \frac{x_2 - 0}{\omega_2} = \cdots = \frac{x_n - 0}{\omega_n}$$

两类样本集 X_0 和 X_1 的中心点 μ_0、μ_1 在投影直线上的投影点分别为 $(\boldsymbol{\omega}^{\mathrm{T}}\mu_0)\boldsymbol{\omega}$ 和 $(\boldsymbol{\omega}^{\mathrm{T}}\mu_1)\boldsymbol{\omega}$。两个投影点间距离的平方为

$$\begin{aligned}
&[(\boldsymbol{\omega}^{\mathrm{T}}\mu_0)\boldsymbol{\omega} - (\boldsymbol{\omega}^{\mathrm{T}}\mu_1)\boldsymbol{\omega}]^{\mathrm{T}}[(\boldsymbol{\omega}^{\mathrm{T}}\mu_0)\boldsymbol{\omega} - (\boldsymbol{\omega}^{\mathrm{T}}\mu_1)\boldsymbol{\omega}] \\
&= [\boldsymbol{\omega}^{\mathrm{T}}(\mu_0 - \mu_1)\boldsymbol{\omega}]^{\mathrm{T}}[\boldsymbol{\omega}^{\mathrm{T}}(\mu_0 - \mu_1)\boldsymbol{\omega}] \\
&= [\boldsymbol{\omega}^{\mathrm{T}}(\mu_0 - \mu_1)]^2\boldsymbol{\omega}^{\mathrm{T}}\boldsymbol{\omega} \quad (\text{注意 } \boldsymbol{\omega}^{\mathrm{T}}(\mu_0 - \mu_1) \text{ 为实数}) \\
&= [\boldsymbol{\omega}^{\mathrm{T}}(\mu_0 - \mu_1)]^2 \\
&= \boldsymbol{\omega}^{\mathrm{T}}(\mu_0 - \mu_1)(\mu_0 - \mu_1)^{\mathrm{T}}\boldsymbol{\omega}
\end{aligned} \tag{1-27}$$

X_0 和 X_1 中的样本点分别投影到投影直线上的投影点的协方差分别为 $\boldsymbol{\omega}^{\mathrm{T}}\boldsymbol{\Sigma}_0\boldsymbol{\omega}$ 和 $\boldsymbol{\omega}^{\mathrm{T}}\boldsymbol{\Sigma}_1\boldsymbol{\omega}$。为了保证尽可能好的分类结果，需要满足以下两个条件：

(1) 同类样本(X_0 和 X_1 中样本)的投影点偏差尽可能小，这可让同类样本投影点的协方差尽可能小，即 $\boldsymbol{\omega}^{\mathrm{T}}\boldsymbol{\Sigma}_0\boldsymbol{\omega}$ 与 $\boldsymbol{\omega}^{\mathrm{T}}\boldsymbol{\Sigma}_1\boldsymbol{\omega}$ 尽可能小，可让 $\boldsymbol{\omega}^{\mathrm{T}}\boldsymbol{\Sigma}_0\boldsymbol{\omega} + \boldsymbol{\omega}^{\mathrm{T}}\boldsymbol{\Sigma}_1\boldsymbol{\omega}$ 尽可能小。

(2) 异类样本投影点尽可能远，这可让两类投影中心点尽可能远，即 $\boldsymbol{\omega}^{\mathrm{T}}(\mu_0 - \mu_1)(\mu_0 - \mu_1)^{\mathrm{T}}\boldsymbol{\omega}$ 尽可能大。

这两个条件可以用图 1.7 形象地表示。

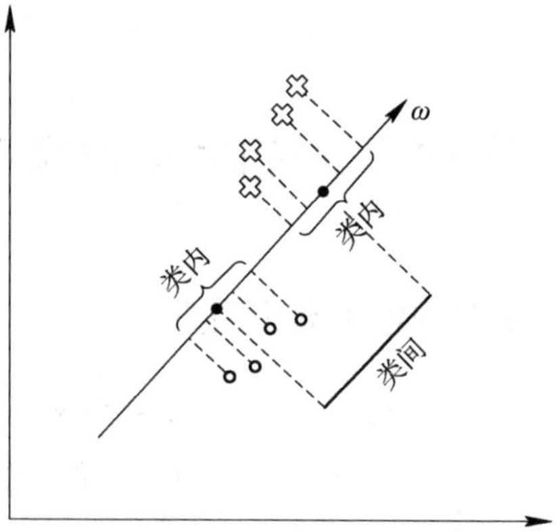

图 1.7　基于投影点的方法示意图

同时考虑两个条件，可建模成：

模型 1：

$$\max_{\boldsymbol{\omega}}\{\boldsymbol{\omega}^{\mathrm{T}}(\mu_0-\mu_1)(\mu_0-\mu_1)^{\mathrm{T}}\boldsymbol{\omega},\ -\boldsymbol{\omega}^{\mathrm{T}}(\boldsymbol{\Sigma}_0+\boldsymbol{\Sigma}_1)\boldsymbol{\omega}\} \tag{1-28}$$

或

模型 2：

$$\max_{\boldsymbol{\omega}}\frac{\boldsymbol{\omega}^{\mathrm{T}}(\mu_0-\mu_1)(\mu_0-\mu_1)^{\mathrm{T}}\boldsymbol{\omega}}{\boldsymbol{\omega}^{\mathrm{T}}(\boldsymbol{\Sigma}_0+\boldsymbol{\Sigma}_1)\boldsymbol{\omega}} \tag{1-29}$$

模型 1 为多目标优化模型，需要用多目标优化方法求解。

模型 2 可用如下方法求解：

$\boldsymbol{\Sigma}_0$ 是类 X_0 的内散度矩阵，$\boldsymbol{\Sigma}_1$ 是类 X_1 的内散度矩阵，计算如下：

$$\boldsymbol{\Sigma}_0=\sum_{x_i\in X_0}(\boldsymbol{x}-\mu_0)(\boldsymbol{x}-\mu_0)^{\mathrm{T}} \tag{1-30}$$

$$\boldsymbol{\Sigma}_1=\sum_{x_i\in X_1}(\boldsymbol{x}-\mu_1)(\boldsymbol{x}-\mu_1)^{\mathrm{T}} \tag{1-31}$$

令类内散度阵(with-class scatter matrix) $\boldsymbol{\Sigma}=\boldsymbol{\Sigma}_0+\boldsymbol{\Sigma}_1$，类间散度阵(between-class scatter matrix) $\boldsymbol{A}=(\mu_0-\mu_1)(\mu_0-\mu_1)^{\mathrm{T}}$，则两分类问题的模型 2 可写成

$$\max\frac{\boldsymbol{\omega}^{\mathrm{T}}\boldsymbol{A}\boldsymbol{\omega}}{\boldsymbol{\omega}^{\mathrm{T}}\boldsymbol{\Sigma}\boldsymbol{\omega}} \tag{1-32}$$

如何求直线的方向向量 $\boldsymbol{\omega}$ 呢？注意到，要确定一条直线，其与直线方向向量长度无关，只与 $\boldsymbol{\omega}$ 方向有关，故不妨设分母为 1，即

$$\boldsymbol{\omega}^{\mathrm{T}}\boldsymbol{\Sigma}\boldsymbol{\omega}=1$$

于是上模型可写成

$$\begin{cases}\min -\boldsymbol{\omega}^{\mathrm{T}}\boldsymbol{A}\boldsymbol{\omega}\\ \text{s. t. } \boldsymbol{\omega}^{\mathrm{T}}\boldsymbol{\Sigma}\boldsymbol{\omega}=1\end{cases} \tag{1-33}$$

用拉格朗日乘子法构造 L 函数：

$$\min L(\boldsymbol{\omega},\lambda)=\min\{-\boldsymbol{\omega}^{\mathrm{T}}\boldsymbol{A}\boldsymbol{\omega}+\lambda(\boldsymbol{\omega}^{\mathrm{T}}\boldsymbol{\Sigma}\boldsymbol{\omega}-1)\} \tag{1-34}$$

由最优解的必要条件(对 $\boldsymbol{\omega}$ 求梯度为 0)可得

$$\nabla L(\boldsymbol{\omega},\lambda)=-2\boldsymbol{A}\boldsymbol{\omega}+2\lambda\boldsymbol{\Sigma}\boldsymbol{\omega}=0$$

由 $\boldsymbol{A}=\boldsymbol{A}^{\mathrm{T}}$，$\boldsymbol{\Sigma}=\boldsymbol{\Sigma}^{\mathrm{T}}$ 可得

$$\boldsymbol{A}\boldsymbol{\omega}=\lambda\boldsymbol{\Sigma}\boldsymbol{\omega}$$

由于 $\boldsymbol{A\omega}=(\mu_0-\mu_1)(\mu_0-\mu_1)^{\mathrm{T}}\boldsymbol{\omega}$ 与方向 $(\mu_0-\mu_1)$ 平行，又由于 $\boldsymbol{\omega}$ 长度对于结果不影响，故可设

$$\boldsymbol{A\omega}=\lambda(\mu_0-\mu_1)$$

所以有

$$\lambda(\mu_0-\mu_1)=\boldsymbol{\lambda\Sigma\omega}$$

若 $\boldsymbol{\Sigma}$ 可逆，可得

$$\boldsymbol{\omega}=\boldsymbol{\Sigma}^{-1}(\mu_0-\mu_1)$$

1.10.2　基于支持向量机(Support Vector Machine，SVM)的二分类问题的优化建模

给定样本集(训练样本集)

$$D=\{(x_i,\ y_i)\mid i=1,\ 2,\ \cdots,\ m\}$$

其中 $\boldsymbol{x}_i=(x_{i1},\ x_{i2},\ \cdots,\ x_{in})^{\mathrm{T}}\in\mathbf{R}^n$ 为第 i 个样本，$y_i\in\{-1,\ 1\}$ 为 $\boldsymbol{x}_i$ 的类标签($i=1,\ 2,\ \cdots,\ m$)。其中，$y_i=-1$ 代表 $\boldsymbol{x}_i$ 属于负类，$y_i=1$ 代表 $\boldsymbol{x}_i$ 属于正类，现在要找一个超平面 $\boldsymbol{\omega}^{\mathrm{T}}\boldsymbol{x}+b=0$，将正、负两类分开，即正类样本位于超平面的一侧，负类样本位于超平面的另一侧。其中 $\boldsymbol{\omega}=(\omega_1,\ \omega_2,\ \cdots,\ \omega_n)^{\mathrm{T}}$ 为超平面的法向量，b 为超平面的截距。

注意到样本空间中任一点 $\boldsymbol{x}\in\mathbf{R}^n$ 到超平面的距离为

$$d=\frac{|\boldsymbol{\omega}^{\mathrm{T}}\boldsymbol{x}+b|}{\|\boldsymbol{\omega}\|}\tag{1-35}$$

假设已经求出了合适的 $\boldsymbol{\omega}$ 和 b，可以把给出的样本正确分类。不妨设

$$\begin{cases}\boldsymbol{\omega}^{\mathrm{T}}\boldsymbol{x}+b>0, & 若\ y_i=+1\\ \boldsymbol{\omega}^{\mathrm{T}}\boldsymbol{x}+b<0, & 若\ y_i=-1\end{cases}$$

为了让两类样本分得更开一些，可令

$$\begin{cases}\boldsymbol{\omega}^{\mathrm{T}}\boldsymbol{x}+b\geqslant 1, & 若\ y_i=+1\\ \boldsymbol{\omega}^{\mathrm{T}}\boldsymbol{x}+b\leqslant -1, & 若\ y_i=-1\end{cases}\Leftrightarrow y_i(\boldsymbol{\omega}^{\mathrm{T}}\boldsymbol{x}+b)\geqslant 1\tag{1-36}$$

此时，两个超平面 $\boldsymbol{\omega}^{\mathrm{T}}\boldsymbol{x}+b=1$ 和 $\boldsymbol{\omega}^{\mathrm{T}}\boldsymbol{x}+b=-1$ 的距离为 $\dfrac{2}{\|\boldsymbol{\omega}\|}$。这两个距离为 $\dfrac{2}{\|\boldsymbol{\omega}\|}$ 的超平面可以把数据集正确分为两类，如图 1.8 所示。

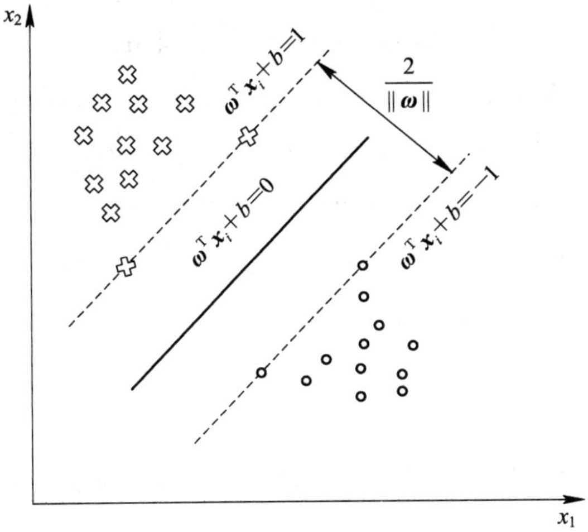

图 1.8　支持向量机方法示意图

两个超平面距离称为“间隔”(margin)，位于这两个超平面 $\boldsymbol{\omega}^T\boldsymbol{x}+b=1$ 和 $\boldsymbol{\omega}^T\boldsymbol{x}+b=-1$ 的样本(向量)称为支持向量，支持向量机就是要找合适的 $\boldsymbol{\omega}$ 和 b，使

$$\begin{cases}\max\limits_{(\boldsymbol{\omega},b)} \dfrac{2}{\|\boldsymbol{\omega}\|} \\ \text{s. t. } y_i(\boldsymbol{\omega}^T\boldsymbol{x}_i+b)\geqslant 1 \quad (i=1, 2, \cdots, m)\end{cases}$$

$$\Leftrightarrow\begin{cases}\min\limits_{(\boldsymbol{\omega},b)} \dfrac{1}{2}\|\boldsymbol{\omega}\| \\ \text{s. t. } y_i(\boldsymbol{\omega}^T\boldsymbol{x}_i+b)\geqslant 1 \quad (i=1, 2, \cdots, m)\end{cases}$$

$$\Leftrightarrow\begin{cases}\min\limits_{(\boldsymbol{\omega},b)} \dfrac{1}{2}\|\boldsymbol{\omega}\|^2 \\ \text{s. t. } 1-y_i(\boldsymbol{\omega}^T\boldsymbol{x}_i+b)\leqslant 0 \quad (i=1, 2, \cdots, m)\end{cases} \tag{1-37}$$

这就是 SVM 的基本模型，这是一个凸二次规划模型(后面会介绍这个概念)。

参 考 文 献

[1]　钱颂迪. 运筹学[M]. 4 版. 北京：清华大学出版社，2015.

[2]　SOHN J，ROBERTAZZI T G，LURYI S. Optimizing Computing Costs Using Divisible Load Analysis[J]. IEEE Transactions on Parallel & Distributed Systems,

1998，9(3)：225－234.

[3] WANG X，VEERAVALLI B. Performance Characterization on Handling Large-Scale Partitionable Workloads on Heterogeneous Networked Compute Platforms[J]. IEEE Transactions on Parallel & Distributed Systems，2017，(99)：1－1.

[4] XUAN，H J，WANG，Y P. New bi-level programming model for routing and spectrum assignment in elastic optical network[J]. OPTICAL AND QUANTUM ELECTRONICS，2017，49(5)：2－15.

[5] 姜忠民，赵建民，朱信忠. 基于最大间隔聚类的背景建模方法[J]. 计算机技术与发展，2019(10)：31－38.

[6] 王惠文，孟洁. 多元线性回归的预测建模方法[J]. 北京航空航天大学学报，2007(4)：56－61.

[7] 沙伊. 沙莱夫-施瓦茨，沙伊·本-戴维. 深入理解机器学习：从原理到算法[M]. 北京：机械工业出版社，2016.

[8] 周志华. 机器学习，清华大学出版社，2016.

[9] CHANG C C，LIN C J. LIBSVM：A library for support vector machines[J]. ACM Transactions on Intelligent Systems and Technology，2011，2(3)：27.

补充阅读材料

第二章 基础知识

2.1 多元 Taylor 公式的矩阵形式[1]

设 $f(\boldsymbol{x})=f(x_1, x_2, \cdots, x_n)$ 是定义在 n 维欧氏空间 $\mathbf{R}^n$ 的某一区域上的 n 元实函数，对于向量 $\boldsymbol{x}=(x_1, x_2, \cdots, x_n)^{\mathrm{T}}\in\mathbf{R}^n$，若每个 $\dfrac{\partial f(\boldsymbol{x})}{\partial \boldsymbol{x}_i}$ $(i=1, 2, \cdots, n)$均存在，则称向量 $\nabla f(\boldsymbol{x})=\left[\dfrac{\partial f(\boldsymbol{x})}{\partial x_1}\quad \dfrac{\partial f(\boldsymbol{x})}{\partial x_2}\quad \cdots\quad \dfrac{\partial f(\boldsymbol{x})}{\partial x_n}\right]^{\mathrm{T}}$ 为函数 $f(\boldsymbol{x})$ 在 $\boldsymbol{x}$ 处的梯度。

若 $f(\boldsymbol{x})$ 的二阶偏导数均存在，则

$$\nabla f^2(\boldsymbol{x})=\boldsymbol{H}(\boldsymbol{x})=\left[\frac{\partial^2 f(\boldsymbol{x})}{\partial \boldsymbol{x}_i \partial \boldsymbol{x}_j}\right]_{n\times n}=\begin{pmatrix} \dfrac{\partial^2 f(\boldsymbol{x})}{\partial {x_1}^2} & \dfrac{\partial^2 f(\boldsymbol{x})}{\partial x_1\partial x_2} & \cdots & \dfrac{\partial^2 f(\boldsymbol{x})}{\partial x_1\partial x_n} \\ \dfrac{\partial^2 f(\boldsymbol{x})}{\partial x_2\partial x_1} & \dfrac{\partial^2 f(\boldsymbol{x})}{\partial x_2^2} & \cdots & \dfrac{\partial^2 f(\boldsymbol{x})}{\partial x_2\partial x_n} \\ \cdots & \cdots & & \cdots \\ \dfrac{\partial^2 f(\boldsymbol{x})}{\partial x_n\partial x_1} & \dfrac{\partial^2 f(\boldsymbol{x})}{\partial x_n\partial x_2} & \cdots & \dfrac{\partial^2 f(\boldsymbol{x})}{\partial x_n^2} \end{pmatrix}$$

为函数 $f(\boldsymbol{x})$ 在 $\boldsymbol{x}$ 处的 hessian 矩阵。

向量的内积：

$$(\boldsymbol{x}, \boldsymbol{y})=x_1y_1+\cdots+x_ny_n=\boldsymbol{x}^{\mathrm{T}}\boldsymbol{y}=\boldsymbol{y}^{\mathrm{T}}\boldsymbol{x} \tag{2-1}$$

向量的范数：

若一个从 $\mathbf{R}^n\to\mathbf{R}$ 的映射 $\|\cdot\|$ 满足：

(1) $\forall \boldsymbol{x}\in\mathbf{R}^n$，$\|\boldsymbol{x}\|\geqslant 0$，且 $\|\boldsymbol{x}\|=0\Leftrightarrow \boldsymbol{x}=0$；

(2) $\forall \alpha\in\mathbf{R}$，$\forall \boldsymbol{x}\in\mathbf{R}^n$，有 $\|\alpha\boldsymbol{x}\|=|\alpha|\cdot\|\boldsymbol{x}\|$；

(3) $\forall \boldsymbol{x}, \boldsymbol{y}\in\mathbf{R}^n$，有 $\|\boldsymbol{x}+\boldsymbol{y}\|\leqslant\|\boldsymbol{x}\|+\|\boldsymbol{y}\|$，

则称映射 $\|\cdot\|$ 为一种向量范数。

下面给出几种常见的向量范数。

(1) 1-范数：$\|\boldsymbol{x}\|_1=\sum_{i=1}^{n}|\boldsymbol{x}_i|$。

(2) 2-范数：$\|\boldsymbol{x}\|_2=\left[\sum_{i=1}^{n}\boldsymbol{x}_i^2\right]^{\frac{1}{2}}$。

(3) ∞-范数：$\|\boldsymbol{x}\|_\infty=\max_{1\leqslant i\leqslant n}\{|\boldsymbol{x}_i|\}$。

(4) p-范数：$\|\boldsymbol{x}\|_p=\left[\sum_{i=1}^{n}|\boldsymbol{x}_i|^p\right]^{\frac{1}{p}}\quad(p>0)$。

【注】 ∞-范数是当 $p\to\infty$ 时，p-范数的极限值，证明如下：

$$\lim_{p\to+\infty}\|\boldsymbol{x}\|_p=\lim_{p\to+\infty}\left[\sum_{i=1}^{n}|\boldsymbol{x}_i|^p\right]^{\frac{1}{p}}$$

$$=\lim_{p\to+\infty}\left[|\boldsymbol{x}_k|^p\sum_{i=1}^{n}\frac{|\boldsymbol{x}_i|^p}{|\boldsymbol{x}_k|^p}\right]^{\frac{1}{p}},\qquad 其中\ |\boldsymbol{x}_k|=\max_{1\leqslant i\leqslant n}|\boldsymbol{x}_i|$$

而

$$|\boldsymbol{x}_k|\leqslant\left[|\boldsymbol{x}_k|^p\sum_{i=1}^{n}\left(\frac{|\boldsymbol{x}_i|}{|\boldsymbol{x}_k|}\right)^p\right]^{\frac{1}{p}}\leqslant|\boldsymbol{x}_k|\left[\sum_{i=1}^{n}\left(\frac{|\boldsymbol{x}_i|}{|\boldsymbol{x}_k|}\right)^p\right]^{\frac{1}{p}}\leqslant|\boldsymbol{x}_k|(n^{\frac{1}{p}})$$

令 $p\to+\infty$，由两边夹逼知 $\lim_{p\to+\infty}\|\boldsymbol{x}\|_p=|\boldsymbol{x}_k|=\|\boldsymbol{x}\|_\infty$，证毕。

范数的等价性：对任意两种范数 $\|\boldsymbol{x}\|_s$、$\|\boldsymbol{x}\|_t$，存在常数 $\alpha,\beta>0$，使对 $\forall\boldsymbol{x}\in\mathbf{R}^n$，都有

$$\alpha\|\boldsymbol{x}\|_s\leqslant\|\boldsymbol{x}\|_t\leqslant\beta\|\boldsymbol{x}\|_s \tag{2-2}$$

定义 2.1(两点的凸组合) 设 $\boldsymbol{x},\boldsymbol{y}\in\mathbf{R}^n$，以 $\boldsymbol{x},\boldsymbol{y}$ 为端点在 $\mathbf{R}^n$ 中的凸组合定义为

$$[\boldsymbol{x},\boldsymbol{y}]=\{z\in\mathbf{R}^n\mid z=\lambda\boldsymbol{x}+(1-\lambda)\boldsymbol{y},\lambda\in[0,1]\} \tag{2-3}$$

定理 2.1(中值定理) 设 $f(\boldsymbol{x}):D\to k\quad(D\subseteq\mathbf{R}^n)$，又 $N_\delta(\boldsymbol{x}^0)=\{\boldsymbol{x}\mid\|\boldsymbol{x}-\boldsymbol{x}^0\|<\delta\}\subseteq D$，

(1) 若 $f(\boldsymbol{x})$ 在 $\boldsymbol{x}^0$ 处可微，则对 $\forall\boldsymbol{x}\in N_\delta(\boldsymbol{x}^0)$，都有

$$f(\boldsymbol{x})=f(\boldsymbol{x}^0)+\nabla f(\boldsymbol{x}^0)^{\mathrm{T}}(\boldsymbol{x}-\boldsymbol{x}^0)+o(\|\boldsymbol{x}-\boldsymbol{x}^0\|)$$

(2) 若 $f(\boldsymbol{x})$ 在 $N_\delta(\boldsymbol{x}^0)$ 处可微，则对 $\forall\boldsymbol{x}\in N_\delta(\boldsymbol{x}^0)$，都有

$$f(\boldsymbol{x})=f(\boldsymbol{x}^0)+\nabla f(\xi)^{\mathrm{T}}(\boldsymbol{x}-\boldsymbol{x}_0)$$

其中，$\xi=\boldsymbol{x}^0+\theta(\boldsymbol{x}-\boldsymbol{x}^0)$，$0<\theta<1$。

分析：对一元函数 $f(\boldsymbol{x})$，有

(1) $$f(\boldsymbol{x}) = f(\boldsymbol{x}^0) + f'(\boldsymbol{x}^0)(\boldsymbol{x}-\boldsymbol{x}^0) + o(\boldsymbol{x}-\boldsymbol{x}^0) \quad (2-4)$$

(2) $$f(\boldsymbol{x}) = f(\boldsymbol{x}^0) + f'(\xi)(\boldsymbol{x}-\boldsymbol{x}^0) \quad (\boldsymbol{x}^0 < \xi < \boldsymbol{x}) \quad (2-5)$$

对 n 元函数 $f(\boldsymbol{x}) = f(x_1, x_2, \cdots, x_n)$，有

(1) $$f(\boldsymbol{x}) = f(\boldsymbol{x}^0) + \frac{\partial f(\boldsymbol{x}^0)}{\partial x_1}(x_1 - x_1^0) + \frac{\partial f(\boldsymbol{x}^0)}{\partial x_2}(x_2 - x_2^0) + \cdots + \frac{\partial f(\boldsymbol{x}^0)}{\partial x_n}(x_n - x_n^0) + o(x_1 - x_1^0) + \cdots + (x_n - x_n^0)$$

$$= f(\boldsymbol{x}^0) + \left[\frac{\partial f(\boldsymbol{x}^0)}{\partial x_1}, \frac{\partial f(\boldsymbol{x}^0)}{\partial x_2}, \cdots, \frac{\partial f(\boldsymbol{x}^0)}{\partial x_n}\right]\begin{bmatrix} x_1 - x_1^0 \\ x_2 - x_2^0 \\ \vdots \\ x_n - x_n^0 \end{bmatrix} + o(\max_i |x_i - x_i^0|)$$

$$= f(\boldsymbol{x}^0) + \nabla f(\boldsymbol{x}^0)^{\mathrm{T}}(\boldsymbol{x}-\boldsymbol{x}^0) + o(\|\boldsymbol{x}-\boldsymbol{x}^0\|_\infty)$$

$$= f(\boldsymbol{x}^0) + \nabla f(\boldsymbol{x}^0)^{\mathrm{T}}(\boldsymbol{x}-\boldsymbol{x}^0) + o(\|\boldsymbol{x}-\boldsymbol{x}^0\|) \quad \text{（范数的等价性）} \quad (2-6)$$

类似地，有

(2) $$f(\boldsymbol{x}) = f(\boldsymbol{x}^0) + \frac{\partial f(\xi)}{\partial x_1}(x_1 - x_1^0) + \cdots + \frac{\partial f(\xi)}{\partial x_n}(x_n - x_n^0)$$

$$= f(\boldsymbol{x}^0) + \nabla f(\xi)^{\mathrm{T}}(\boldsymbol{x}-\boldsymbol{x}^0)$$

$$\xi = \boldsymbol{x}^0 + \theta(\boldsymbol{x}-\boldsymbol{x}^0) \quad (\theta \in (0, 1))$$

$$= \theta\boldsymbol{x} + (1-\theta)\boldsymbol{x}^0 \quad (2-7)$$

定理 2.2（Taylor 公式） 设 $f: D \to \mathbf{R}$ $(D \subseteq \mathbf{R}^n)$，$N_\delta(\boldsymbol{x}) = \{\boldsymbol{x} \mid \|\boldsymbol{x}-\boldsymbol{x}^0\| < \delta\} \subseteq D$，

(1) 若 $f(\boldsymbol{x})$在 $\boldsymbol{x}^0$ 处二阶可微，则对 $\forall \boldsymbol{x} \in N_\delta(\boldsymbol{x}^0)$，都有

$$f(\boldsymbol{x}) = f(\boldsymbol{x}^0) + \nabla f(\boldsymbol{x}^0)^{\mathrm{T}}(\boldsymbol{x}-\boldsymbol{x}^0) + \frac{1}{2}(\boldsymbol{x}-\boldsymbol{x}_0)^{\mathrm{T}}\nabla^2 f(\boldsymbol{x}^0)(\boldsymbol{x}-\boldsymbol{x}^0) + o(\|\boldsymbol{x}-\boldsymbol{x}_0\|^2) \quad (2-8)$$

(2) 若 $f(\boldsymbol{x})$在 $N_\delta(\boldsymbol{x}^0)$ 处二阶可微，则对 $\forall \boldsymbol{x} \in N_\delta(\boldsymbol{x}^0)$，都有

$$f(\boldsymbol{x}) = f(\boldsymbol{x}^0) + \nabla f(\boldsymbol{x}^0)^{\mathrm{T}}(\boldsymbol{x}-\boldsymbol{x}^0) + \frac{1}{2}(\boldsymbol{x}-\boldsymbol{x}^0)^{\mathrm{T}}\nabla^2 f(\xi)(\boldsymbol{x}-\boldsymbol{x}^0) \quad (2-9)$$

其中，$\xi = \boldsymbol{x}^0 + \theta(\boldsymbol{x}-\boldsymbol{x}^0)$，$\theta \in (0, 1)$。

分析：对一元函数 $f(\boldsymbol{x})$有

(1) $f(\boldsymbol{x}) = f(\boldsymbol{x}^0) + f'(\boldsymbol{x}^0)(\boldsymbol{x} - \boldsymbol{x}^0) + \frac{1}{2}f''(\boldsymbol{x}^0)(\boldsymbol{x} - \boldsymbol{x}^0)^2 + o(\boldsymbol{x} - \boldsymbol{x}^0)^2$；

(2) $f(\boldsymbol{x}) = f(\boldsymbol{x}^0) + f'(\boldsymbol{x}^0)(\boldsymbol{x} - \boldsymbol{x}^0) + \frac{1}{2}f''(\xi)(\boldsymbol{x} - \boldsymbol{x}^0)^2$，$\boldsymbol{x}^0 < \xi < \boldsymbol{x}$。

对 n 元函数，有

(1) $$f(\boldsymbol{x}) = f(\boldsymbol{x}^0) + \frac{\partial f(\boldsymbol{x}^0)}{\partial x_1}(x_1 - x_1^0) + \cdots + \frac{\partial f(\boldsymbol{x}^0)}{\partial x_n}(x_n - x_n^0) + \frac{1}{2}\left[\sum_{i=1}^{n}\sum_{j=1}^{n}\frac{\partial^2 f(\boldsymbol{x}^0)}{\partial x_i \partial x_j}(x_i - x_i^0)(x_j - x_j^0)\right] + o(\|\boldsymbol{x} - \boldsymbol{x}^0\|^2)$$

注意到，二次型可写为

$$\sum_{i=1}^{n}\sum_{j=1}^{n}\boldsymbol{a}_{ij}x_i x_j = \boldsymbol{x}^{\mathrm{T}} A\boldsymbol{x}$$

其中，$\boldsymbol{A} = (\boldsymbol{a}_{ij})_{n\times n}$ 为二次型矩阵，$\boldsymbol{x} = (x_1, x_2, \cdots, x_n)^{\mathrm{T}}$。

若记

$$\boldsymbol{a}_{ij} = \frac{\partial^2 f(\boldsymbol{x}^0)}{\partial x_i \partial x_j},\ z_i = x_i - x_i^0,\ z_j = x_j - x_j^0,\ \boldsymbol{z} = (z_1, z_2, \cdots, z_n)^{\mathrm{T}} = \boldsymbol{x} - \boldsymbol{x}^0$$

则

$$\left[\sum_{i=1}^{n}\sum_{j=1}^{n}\frac{\partial^2 f(\boldsymbol{x}^0)}{\partial x_i \partial x_j}(x_i - x_i^0)(x_j - x_j^0)\right] = \sum_{i=1}^{n}\sum_{j=1}^{n}a_{ij}z_i z_j = \boldsymbol{z}^{\mathrm{T}}\boldsymbol{A}\boldsymbol{z}$$

此处

$$\boldsymbol{A} = [\boldsymbol{a}_{ij}]_{n\times n} = \left[\frac{\partial^2 f(\boldsymbol{x}^0)}{\partial x_i \partial x_j}\right]_{n\times n} = \nabla^2 f(\boldsymbol{x}^0)$$

所以有

$$f(\boldsymbol{x}) = f(\boldsymbol{x}^0) + \nabla f(\boldsymbol{x}^0)(\boldsymbol{x} - \boldsymbol{x}^0) + \frac{1}{2}(\boldsymbol{x} - \boldsymbol{x}^0)^{\mathrm{T}}\nabla^2 f(\boldsymbol{x}^0)(\boldsymbol{x} - \boldsymbol{x}^0) + o(\|\boldsymbol{x} - \boldsymbol{x}^0\|^2)$$

类似地，有

(2) $$f(\boldsymbol{x}) = f(\boldsymbol{x}^0) + \frac{\partial f(\boldsymbol{x}^0)}{\partial x_1}(x_1 - x_1^0) + \cdots + \frac{\partial f(\boldsymbol{x}^0)}{\partial x_n}(x_n - x_n^0) + \frac{1}{2}\left[\sum_{i=1}^{n}\sum_{j=1}^{n}\frac{\partial^2 f(\boldsymbol{\xi})}{\partial x_i \partial x_j}(x_i - x_i^0)(x_j - x_j^0)\right]$$

其中，$\xi = \boldsymbol{x}^0 + \theta(\boldsymbol{x} - \boldsymbol{x}^0)$，$\theta \in (0, 1)$。

令

$$a_{ij}=\frac{\partial^2 f(\xi)}{\partial x_i \partial x_j} \qquad (i, j=1, 2, \cdots, n)$$

$$z_i=x_i-x_i^0 \qquad (i=1, 2, \cdots, n)$$

$$\boldsymbol{z}=(z_1, z_2, \cdots, z_n)^{\mathrm{T}}=\boldsymbol{x}-\boldsymbol{x}^0$$

则上式可写成

$$\begin{aligned} f(\boldsymbol{x}) &= f(\boldsymbol{x}^0)+\nabla f(\boldsymbol{x}^0)^{\mathrm{T}}(\boldsymbol{x}-\boldsymbol{x}^0)+\frac{1}{2}\sum_{i=1}^{n}\sum_{j=1}^{n} a_{ij} z_i z_j \\ &= f(\boldsymbol{x}^0)+\nabla f(\boldsymbol{x}^0)^{\mathrm{T}}(\boldsymbol{x}-\boldsymbol{x}^0)+\frac{1}{2}\boldsymbol{z}^{\mathrm{T}}\boldsymbol{A}\boldsymbol{z} \end{aligned} \tag{2-10}$$

其中

$$\boldsymbol{A}=(a_{ij})_{n\times n}=\left[\frac{\partial^2 f(\xi)}{\partial x_i \partial x_j}\right]_{n\times n}=\nabla^2 f(\xi)$$

所以有

$$f(\boldsymbol{x})=f(\boldsymbol{x}^0)+\nabla f(\boldsymbol{x}^0)^{\mathrm{T}}(\boldsymbol{x}-\boldsymbol{x}^0)+\frac{1}{2}(\boldsymbol{x}-\boldsymbol{x}^0)^{\mathrm{T}}\nabla^2 f(\xi)(\boldsymbol{x}-\boldsymbol{x}^0)$$

2.2 多元函数的极值[1-6]

定理 2.3(多元函数极值点存在的必要条件) 设 $f: D\to \mathbf{R}$ ($D\subset \mathbf{R}^n$), $\boldsymbol{x}^*$ 是 D 的一个内点, $f(\boldsymbol{x})$ 在 $\boldsymbol{x}^*$ 处可微。若 $\boldsymbol{x}^*$ 为极值点,则 $\nabla f(\boldsymbol{x}^*)=0$。

定理 2.4(多元函数极值点存在的充分条件) 设 $f: D\to R$ ($D\subset \mathbf{R}^n$)且

(1) $\boldsymbol{x}^*$ 为 D 的一个内点;

(2) $f(\boldsymbol{x})$ 在 $\boldsymbol{x}^*$ 处二次可微;

(3) $\nabla f(\boldsymbol{x}^*)=0$;

(4) $\nabla^2 f(\boldsymbol{x}^*)$ 正定(负定),

则 $\boldsymbol{x}^*$ 为 $f(\boldsymbol{x})$ 的一个严格的极小(大)点。(若 $\nabla^2 f(\boldsymbol{x}^*)$ 为不定阵,则 $\boldsymbol{x}^*$ 不是极值点,称 $\boldsymbol{x}^*$ 为鞍点。)

例 2.1 证明 $F(x, y)=(x, 1-x)\begin{bmatrix} a & b \\ c & d \end{bmatrix}\begin{bmatrix} y \\ 1-y \end{bmatrix}$ 无极值点,只有鞍点,其中

$$a+d-b-c\neq 0$$

证明 $F(x, y) = [ax + (1-z)c \quad bx + d(1-x)]\begin{bmatrix} y \\ 1-y \end{bmatrix}$

$$= (a+d-b-c)xy + (b-d)x + (c-d)y + d$$

$$\nabla^2 f(x, y) = \begin{bmatrix} 0 & a+d-b-c \\ a+d-b-c & c \end{bmatrix}$$

$$Q \mid \nabla^2 f(x, y) \mid = -(a+d-b-c)^2 < 0$$

$\nabla^2 f(x, y)$在任意点(x, y)为不定阵，故$F(x, y)$无极值点。

令$\nabla f(x, y)=0$知，有解，得驻点。

由定理2.4知，$F(x, y)$为鞍点。

2.3 方向导数与最速下降方向[1-6]

定义2.2(方向导数) 设$\boldsymbol{h}=(h_1, h_2, \cdots, h_n)^{\mathrm{T}} \in \mathbf{R}^n$为一个单位向量，它表示$\mathbf{R}^n$上的一个方向。若极限

$$\lim_{\alpha \to 0} \frac{f(x_0 + \alpha \boldsymbol{h}) - f(x_0)}{\alpha}$$

存在，则称极限值为$f(\boldsymbol{x})$在$\boldsymbol{x}$处沿方向$\boldsymbol{h}$的方向导数，记作$\dfrac{\partial f(x_0)}{\partial \boldsymbol{h}}$。

显然，若$f(\boldsymbol{x})$在$\boldsymbol{x}$处偏导存在，则有

$$\lim_{\alpha \to 0^+} \frac{f(\boldsymbol{x} + \alpha \boldsymbol{h}) - f(\boldsymbol{x})}{\alpha} = \lim_{\alpha \to 0^+} \frac{f(\boldsymbol{x})^{\mathrm{T}}(\alpha \boldsymbol{h}) + o(\| \alpha \boldsymbol{h} \|)}{\alpha} = \nabla f(\boldsymbol{x})^{\mathrm{T}} \boldsymbol{h}$$

即

$$\frac{\partial f(\boldsymbol{x})}{\partial \boldsymbol{h}} = \nabla f(\boldsymbol{x})^{\mathrm{T}} \boldsymbol{h} = \langle \nabla f(\boldsymbol{x}), \boldsymbol{h} \rangle = \| \nabla f(\boldsymbol{x}) \| \cdot \| \boldsymbol{h} \| \cdot \cos(\nabla f(\boldsymbol{x}), \boldsymbol{h})$$

例2.2 求$f(x_1, x_2) = x_1^2 + 2x_2^2$在$\boldsymbol{x} = (1, 2)^{\mathrm{T}}$处沿方向$\boldsymbol{h} = (1, 0)^{\mathrm{T}}$的方向导数。

解

$$\frac{\partial f(\boldsymbol{x})}{\partial \boldsymbol{h}} = \nabla f(\boldsymbol{x})^{\mathrm{T}} \boldsymbol{h}$$

$$\nabla f(x_1 \quad x_2) = \begin{bmatrix} 2x_1 \\ 4x_2 \end{bmatrix}$$

$$\nabla f(1, 2) = \begin{bmatrix} 2 \\ 8 \end{bmatrix}$$

$$\frac{\partial f(\boldsymbol{x})}{\partial \boldsymbol{h}} = 2$$

方向导数的性质：

(1) 若 $\dfrac{\partial f(\boldsymbol{x})}{\partial \boldsymbol{h}} > 0$，则 $\boldsymbol{h}$ 为 $f(\boldsymbol{x})$ 在 $\boldsymbol{x}$ 处的上升方向；

(2) 若 $\dfrac{\partial f(\boldsymbol{x})}{\partial \boldsymbol{h}} < 0$，则 $\boldsymbol{h}$ 为 $f(\boldsymbol{x})$ 在 $\boldsymbol{x}$ 处的下降方向；

(3) 若 $\nabla f(\boldsymbol{x}) = 0$，则对 $\forall \boldsymbol{h} \in \mathbf{R}^n$，有 $\dfrac{\partial f(\boldsymbol{x})}{\partial \boldsymbol{h}} = 0$；

(4) 若 $\nabla f(\boldsymbol{x}) \neq 0$，则当 $\boldsymbol{h} = \dfrac{\nabla f(\boldsymbol{x})}{\| \nabla f(\boldsymbol{x}) \|}$ 时，$\dfrac{\partial f(\boldsymbol{x})}{\partial \boldsymbol{h}}$ 取最大值，此时 $\boldsymbol{h} = \dfrac{\nabla f(\boldsymbol{x})}{\| \nabla f(\boldsymbol{x}) \|}$ 为 $f(\boldsymbol{x})$ 上升最快的方向；当 $\boldsymbol{h} = \dfrac{-\nabla f(\boldsymbol{x})}{\| \nabla f(\boldsymbol{x}) \|}$ 时，$\dfrac{\partial f(\boldsymbol{x})}{\partial \boldsymbol{h}}$ 取最小值，此时 $\boldsymbol{h}$ 为 $f(\boldsymbol{x})$ 在 $\boldsymbol{x}$ 处下降最快的方向，称其为最速下降方向。

下面列出几种特殊类型函数的梯度。

(1) $f(\boldsymbol{x}) = \boldsymbol{b}^{\mathrm{T}}\boldsymbol{x} + c \Rightarrow \nabla f(\boldsymbol{x}) = \boldsymbol{b}$；

(2) $f(\boldsymbol{x}) = \boldsymbol{x}^{\mathrm{T}}\boldsymbol{x} \Rightarrow \nabla f(\boldsymbol{x}) = 2\boldsymbol{x}$；

(3) $f(\boldsymbol{x}) = \boldsymbol{x}^{\mathrm{T}}\boldsymbol{A}\boldsymbol{x} \Rightarrow \nabla f(\boldsymbol{x}) = (\boldsymbol{A} + \boldsymbol{A}^{\mathrm{T}})\boldsymbol{x} = 2\boldsymbol{A}\boldsymbol{x}$（若 $\boldsymbol{A}$ 对称）；

(4) $f(\boldsymbol{x}) = \boldsymbol{x}^{\mathrm{T}}\boldsymbol{A}\boldsymbol{x} + \boldsymbol{b}^{\mathrm{T}}\boldsymbol{x} + c \Rightarrow \nabla f(\boldsymbol{x}) = (\boldsymbol{A} + \boldsymbol{A}^{\mathrm{T}})\boldsymbol{x} + \boldsymbol{b}$。

例 2.3 $f(\boldsymbol{x}) = \boldsymbol{b}^{\mathrm{T}}\boldsymbol{x} = (b_1, b_2, \cdots, b_n)\begin{bmatrix} x_1 \\ x_2 \\ \vdots \\ x_n \end{bmatrix} = b_1x_1 + \cdots + b_nx_n$，求 $\nabla f(\boldsymbol{x})$。

解

$$\frac{\partial f(\boldsymbol{x})}{\partial x_1} = b_1$$

$$\frac{\partial f(\boldsymbol{x})}{\partial x_2} = b_2$$

$$\cdots$$

$$\frac{\partial f(\boldsymbol{x})}{\partial x_n} = b_n$$

类似地，有

$$\nabla(\boldsymbol{b}^{\mathrm{T}}\boldsymbol{x} + c) = \boldsymbol{b}$$

所以有

$$\nabla f(\boldsymbol{x}) = (b_1, b_2, \cdots, b_n)^{\mathrm{T}} = \boldsymbol{b}$$

例 2.4 $f(\boldsymbol{x}) = \boldsymbol{x}^{\mathrm{T}}\boldsymbol{x} = (x_1, x_2, \cdots, x_n)\begin{bmatrix} x_1 \\ \vdots \\ x_n \end{bmatrix} = x_1^2 + \cdots + x_n^2$，求 $\nabla f(\boldsymbol{x})$。

解 $$\nabla f(\boldsymbol{x}) = (2x_1, 2x_2, \cdots, 2x_n)^{\mathrm{T}} = 2\boldsymbol{x}$$

例 2.5 $f(\boldsymbol{x}) = \boldsymbol{x}^{\mathrm{T}}\boldsymbol{x}$，$\mathbf{A} = \mathbf{A}^{\mathrm{T}}$为 n 阶阵，$\boldsymbol{x} \in \mathbf{R}^n$，求 $\nabla f(\boldsymbol{x})$。

解 设

$$\mathbf{A} = \begin{bmatrix} a_{11} & a_{12} & \cdots & a_{1n} \\ a_{21} & a_{22} & \cdots & a_{2n} \\ \vdots & \vdots & & \vdots \\ a_{n1} & a_{n2} & \cdots & a_{nn} \end{bmatrix}$$

其中 $a_{ij} = a_{ji}$，则

$$f(x) = (x_1 \quad \cdots \quad x_n)\begin{bmatrix} a_{11} & a_{12} & \cdots & a_{1n} \\ a_{21} & a_{22} & \cdots & a_{2n} \\ \vdots & \vdots & & \vdots \\ a_{n1} & a_{n2} & \cdots & a_{nn} \end{bmatrix}\begin{bmatrix} x_1 \\ x_2 \\ \vdots \\ x_n \end{bmatrix}$$

$$= \sum_{i=1}^{n}\sum_{j=1}^{n} a_{ij}x_i x_j$$

$$= \begin{bmatrix} a_{11}x_1x_1 + a_{12}x_1x_2 + \cdots + a_{1n}x_1x_n + \\ a_{21}x_2x_1 + a_{22}x_2x_2 + \cdots + a_{2n}x_2x_n + \\ \cdots \\ a_{n1}x_nx_1 + a_{n2}x_nx_2 + \cdots + a_{nn}x_nx_n \end{bmatrix}$$

故有

$$\frac{\partial f(\boldsymbol{x})}{\partial x_1} = (a_{11}x_1 + a_{12}x_2 + \cdots + a_{1n}x_n) + (a_{11}x_1 + a_{21}x_2 + \cdots + a_{n1}x_n)$$

$$= [(a_{11} \ a_{12} \cdots a_{1n})\boldsymbol{x} + (a_{11} \ a_{21} \cdots a_{n1})\boldsymbol{x}]$$

一般地，有

$$\frac{\partial f(\boldsymbol{x})}{\partial x_i} = (a_{i1}x_1 + a_{i2}x_2 + \cdots + a_{in}x_n) + (a_{1i}x_1 + a_{2i}x_2 + \cdots + a_{ni}x_n)$$

$$= [(a_{i1}a_{i2}\cdots a_{in})\boldsymbol{x} + (a_{1i}a_{2i}\cdots a_{ni})\boldsymbol{x}] \qquad (i = 1, 2, \cdots, n)$$

于是有

$$\nabla f(\boldsymbol{x}) = \begin{bmatrix} \frac{\partial f}{\partial x_1} \\ \frac{\partial f}{\partial x_2} \\ \vdots \\ \frac{\partial f}{\partial x_n} \end{bmatrix} = \begin{bmatrix} a_{11} & a_{12} & \cdots & a_{1n} \\ a_{21} & a_{22} & \cdots & a_{2n} \\ \vdots & \vdots & & \vdots \\ a_{n1} & a_{n2} & \cdots & a_{nn} \end{bmatrix}\boldsymbol{x} + \begin{bmatrix} a_{11} & a_{21} & \cdots & a_{n1} \\ a_{12} & a_{22} & \cdots & a_{n2} \\ \vdots & \vdots & & \vdots \\ a_{1n} & a_{2n} & \cdots & a_{nn} \end{bmatrix}\boldsymbol{x}$$

$$= \boldsymbol{A}\boldsymbol{x} + \boldsymbol{A}^{\mathrm{T}}\boldsymbol{x} = (\boldsymbol{A} + \boldsymbol{A}^{\mathrm{T}})\boldsymbol{x} = 2\boldsymbol{A}\boldsymbol{x}$$

因此，若 $\boldsymbol{A} \neq \boldsymbol{A}^{\mathrm{T}}$，则有

$$\nabla f(\boldsymbol{x}) = (\boldsymbol{A} + \boldsymbol{A}^{\mathrm{T}})\boldsymbol{x}$$

一般地，对 $f(\boldsymbol{x}) = \boldsymbol{x}^{\mathrm{T}}\boldsymbol{A}\boldsymbol{x} + \boldsymbol{b}^{\mathrm{T}}\boldsymbol{x} + c$，有

$$\nabla f(\boldsymbol{x}) = (\boldsymbol{A} + \boldsymbol{A}^{\mathrm{T}})\boldsymbol{x} + \boldsymbol{b}$$

$$\nabla^2 f(\boldsymbol{x}) = \boldsymbol{A} + \boldsymbol{A}^{\mathrm{T}}$$

若 $\boldsymbol{A} = \boldsymbol{A}^{\mathrm{T}}$，则有

$$\nabla^2 f(\boldsymbol{x}) = 2\boldsymbol{A}$$

例 2.6　$f(x_1\ x_2\ x_3) = [x_1\ x_2\ x_3]\begin{bmatrix} 1 & 0 & 2 \\ 0 & 4 & 3 \\ 2 & 3 & 2 \end{bmatrix}\begin{bmatrix} x_1 \\ x_2 \\ x_3 \end{bmatrix} + [1\quad 2\quad 0]\begin{bmatrix} x_1 \\ x_2 \\ x_3 \end{bmatrix} + 5$，求 $\nabla f(\boldsymbol{x})$ 及 $\nabla^2 f(\boldsymbol{x})$。

解

$$\nabla f(x_1x_2x_3) = (\boldsymbol{A} + \boldsymbol{A}^{\mathrm{T}})\boldsymbol{x} + \boldsymbol{b} = 2\boldsymbol{A}\boldsymbol{x} + \boldsymbol{b}$$

$$= \begin{bmatrix} 2 & 0 & 4 \\ 0 & 8 & 6 \\ 4 & 6 & 4 \end{bmatrix}\begin{bmatrix} x_1 \\ x_2 \\ x_3 \end{bmatrix} + \begin{bmatrix} 1 \\ 2 \\ 0 \end{bmatrix}$$

$$\nabla^2 f(\boldsymbol{x}) = 2\boldsymbol{A} = \begin{bmatrix} 2 & 0 & 4 \\ 0 & 8 & 6 \\ 4 & 6 & 4 \end{bmatrix}$$

2.4　凸集与凸函数[1-3]

2.4.1　凸集

定义 2.3（凸集）　设 $D \subseteq \mathbf{R}^n$，若 D 中任意两点间连线上所有点均属于 D，即对 $\forall \boldsymbol{x}^1, \boldsymbol{x}^2 \in D$，$\forall \lambda \in [0, 1]$，恒有 $\lambda \boldsymbol{x}^1 + (1-\lambda)\boldsymbol{x}^2 \in D$，则称 D 为凸集。

定理 2.5　$D \subseteq \mathbf{R}^n$ 为凸集 $\Leftrightarrow \forall m \geqslant 2$ 及 $\forall \boldsymbol{x}^1, \boldsymbol{x}^2, \cdots, \boldsymbol{x}^m \in D$，$\forall \alpha_i \geqslant 0 (i=1, 2, \cdots, m)$，恒有

$$\sum_{i=1}^{m} \alpha_i \boldsymbol{x}^i \in D$$

其中，$\alpha_1 + \cdots + \alpha_m = 1$。

证明　充分性。取 $m=2$，由凸集的定义知 D 为凸集。

必要性。对 m 用归纳法，当 $m=2$ 时，由凸集的定义知 D 为凸集。

假设当 $m=k-1$ 时，结论成立，则当 $m=k$ 时，对 $\forall \boldsymbol{x}^1, \boldsymbol{x}^2, \cdots, \boldsymbol{x}^k \in D$，$\forall \alpha_i \geqslant 0$ $(i=1 \sim k)$，$\alpha_1 + \cdots + \alpha_k = 1$。

(1) 当 $\alpha_1 + \cdots + \alpha_{k-1} = 0$ 时，$\alpha_k = 1$，$\alpha_1 = \cdots = \alpha_{k-1} = 0$，有

$$\sum_{i=1}^{k} \alpha_i \boldsymbol{x}^i = \boldsymbol{x}^k \in D$$

结论成立。

(2) 当 $\alpha_1 + \cdots + \alpha_{k-1} \neq 0$ 时，令 $\alpha = \alpha_1 + \cdots + \alpha_{k-1}$，则

$$\alpha_k = 1 - \alpha$$

有

$$\alpha_1 \boldsymbol{x}^1 + \cdots + \alpha_{k-1} \boldsymbol{x}^{k-1} + \alpha_k \boldsymbol{x}^k = \alpha \left(\frac{\alpha_1}{\alpha} \boldsymbol{x}^1 + \cdots + \frac{\alpha_{k-1}}{\alpha} \boldsymbol{x}^{k-1} \right) + \alpha_k \boldsymbol{x}^k \qquad (2-11)$$

由于

$$\frac{\alpha_1}{\alpha} + \cdots + \frac{\alpha_{k-1}}{\alpha} = 1, \quad 且 \quad \frac{\alpha_i}{\alpha} \geqslant 0 \qquad (i = 1 \sim k-1)$$

由归纳假设知

$$\frac{\alpha_1}{\alpha} \boldsymbol{x}^1 + \cdots + \frac{\alpha_{k-1}}{\alpha} \boldsymbol{x}^{k-1} \in D$$

再由凸集的定义知

$$\alpha\left(\frac{\alpha_1}{\alpha}\boldsymbol{x}^1+\cdots+\frac{\alpha_{k-1}}{\alpha}x^{k-1}\right)+(1-\alpha)x^k\in D$$

证毕。

2.4.2　凸函数

在一元函数里，我们介绍了凸函数，这种函数的特点是：曲线上任两点的弦均位于两点间弧的上方，如图 2.1 所示。接下来，根据凸函数的几何意义来推导其定义。

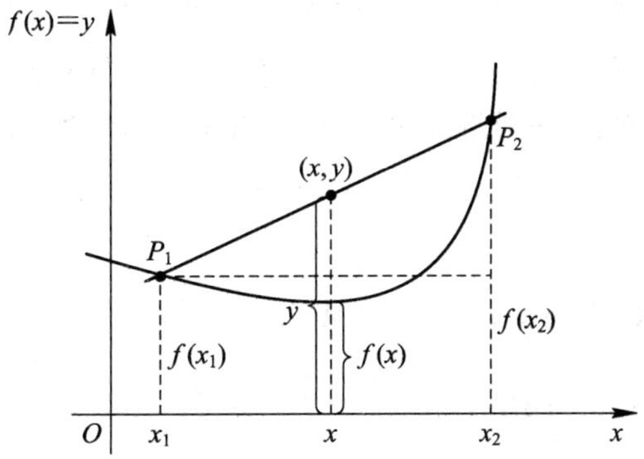

图 2.1　一元凸函数的几何意义

图 2.1 中弦方程为

$$\begin{aligned}y&=f(x_1)+\frac{f(x_2)-f(x_1)}{x_2-x_1}(x_2-x_1)\\&=\frac{(x_2-x_1)f(x_1)+(x-x_1)[f(x_2)-f(x_1)]}{x_2-x_1}\\&=\frac{(x_2-x)f(x_1)+(x-x_1)f(x_2)}{x_2-x_1}\end{aligned}\tag{2-12}$$

若令

$$\alpha=\frac{x_2-x}{x_2-x_1}$$

则

$$\frac{x-x_1}{x_2-x_1}=1-\alpha\qquad\left(\frac{x_2-x}{x_2-x_1}+\frac{x-x_1}{x_2-x_1}=1\right)$$

则有

$$y=\alpha f(x_1)+(1-\alpha)f(x_2)$$

而由

$$\alpha=\frac{x_2-x}{x_2-x_1}\Rightarrow x_2-x=\alpha(x_2-x_1)\Rightarrow x=\alpha x_1+(1-\alpha)x_2$$

由弦在弧上得 $f(x)\leqslant y$，即

$$f(\alpha x_1+(1-\alpha)x_2)\leqslant \alpha f(x_1)+(1-\alpha)f(x_2)$$

此时，可以将一元函数的结论推广到多元函数中，从而得到多元函数凸函数的定义。

定义 2.4（凸函数） 设 $D\subseteq \mathbf{R}^n$ 为凸集，若对 $\forall\, \boldsymbol{x}^1,\ \boldsymbol{x}^2\in D$，$\forall\, \alpha\in(0,1)$，都有

$$f(\alpha\boldsymbol{x}^1+(1-\alpha)\boldsymbol{x}^2)\leqslant \alpha f(\boldsymbol{x}^1)+(1-\alpha)f(\boldsymbol{x}^2)$$

则称 $f(\boldsymbol{x})$为 D 上的凸函数。(在两端点也成立。) 当 $\boldsymbol{x}^1\neq\boldsymbol{x}^2$ 时，恒有

$$f(\alpha\boldsymbol{x}^1+(1-\alpha)\boldsymbol{x}^2)< \alpha f(\boldsymbol{x}^1)+(1-\alpha)f(\boldsymbol{x}^2)$$

则称 $f(\boldsymbol{x})$为 D 上的严格凸函数。

定理 2.6 设 $D\subseteq \mathbf{R}^n$ 为凸集，f：$D\to\mathbf{R}$ 为

(1) 凸函数 $\Leftrightarrow\forall\, m\geqslant 2$，$\forall\, \boldsymbol{x}^1,\cdots,\boldsymbol{x}^m\in D$，$\forall\,\alpha_i\geqslant 0(i=1\sim m)$，$\sum\limits_{i=1}^{m}\alpha_i=1$，恒有

$$f\left(\sum_{i=1}^{m}\alpha_i\boldsymbol{x}^i\right)\leqslant\sum_{i=1}^{m}\alpha_i f(\boldsymbol{x}^i)$$

(2) 严格凸函数 $\Leftrightarrow\forall\, m\geqslant 2$，$\forall\, \boldsymbol{x}^1\cdots\boldsymbol{x}^m\in D$，且不完全相同，$\forall\,\alpha_i\geqslant 0(i=1\sim m)$，$\sum\limits_{i=1}^{m}\alpha_i=1$，恒有

$$f\left(\sum_{i=1}^{m}\alpha_i\boldsymbol{x}^i\right)<\sum_{i=1}^{m}\alpha_i f(\boldsymbol{x}^i)\quad\left(\sum_{i=1}^{m}\alpha_i\boldsymbol{x}^i\ \text{与}\ \boldsymbol{x}^1\cdots\boldsymbol{x}^m\ \text{都不相同}\right)$$

证明 类似于定理 2.5，略。

1. 凸函数的判别法

在一元函数中，判别凸函数的一种方法为：若 $f(\boldsymbol{x})$可微(切线存在)且任一点的切线在曲线的下方，则此函数为凸函数。将此结论推广到 n 元函数即可。

定理 2.7(一阶条件) 设 $D\subseteq \mathbf{R}^n$ 为非空凸集，$f(\boldsymbol{x})$在 D 上可微，则 $f(\boldsymbol{x})$为 D 上的：

(1) 凸函数 $\Leftrightarrow\forall\,\boldsymbol{x},\ \boldsymbol{y}\in D$，恒有

$$f(\boldsymbol{y})\geqslant f(\boldsymbol{x})+\nabla f(\boldsymbol{x})^{\mathrm{T}}(\boldsymbol{y}-\boldsymbol{x})$$

(2) 严格凸函数 $\Leftrightarrow \forall \boldsymbol{x}, \boldsymbol{y} \in D, \boldsymbol{x} \neq \boldsymbol{y}$，恒有

$$f(\boldsymbol{y}) > f(\boldsymbol{x}) + \nabla f(\boldsymbol{x})^{\mathrm{T}}(\boldsymbol{y}-\boldsymbol{x})$$

证明 (1) 先证必要性。

设 $f(\boldsymbol{x})$为 D 上的凸函数，则对 $\forall \boldsymbol{x}, \boldsymbol{y} \in D$, $\forall \alpha \in (0, 1)$，恒有

$$f(\alpha \boldsymbol{y} + (1-\alpha)\boldsymbol{x}) \leqslant \alpha f(\boldsymbol{y}) + (1-\alpha) f(\boldsymbol{x}) = f(\boldsymbol{x}) + \alpha[f(\boldsymbol{y}) - f(\boldsymbol{x})]$$

则有

$$f(\boldsymbol{y}) - f(\boldsymbol{x}) \geqslant \frac{f(\alpha \boldsymbol{y} + (1-\alpha)\boldsymbol{x}) - f(\boldsymbol{x})}{\alpha} = \frac{f(\boldsymbol{x} + \alpha(\boldsymbol{y}-\boldsymbol{x})) - f(\boldsymbol{x})}{\alpha}$$

即

$$f(\boldsymbol{x} + \alpha(\boldsymbol{y}-\boldsymbol{x})) = f(\boldsymbol{x}) + \alpha \nabla f(\boldsymbol{x})^{\mathrm{T}}(\boldsymbol{y}-\boldsymbol{x}) + o(\alpha \| \boldsymbol{y}-\boldsymbol{x} \|)$$

令 $\alpha \to 0^{+}$，得

$$f(\boldsymbol{y}) - f(\boldsymbol{x}) \geqslant \nabla f(\boldsymbol{x})^{\mathrm{T}}(\boldsymbol{y}-\boldsymbol{x})$$

即

$$f(\boldsymbol{y}) \geqslant f(\boldsymbol{x}) + \nabla f(\boldsymbol{x})^{\mathrm{T}}(\boldsymbol{y}-\boldsymbol{x})$$

进一步，若 $f(\boldsymbol{x})$为严格凸函数，则有

$$f\left(\frac{1}{2}\boldsymbol{x} + \frac{1}{2}\boldsymbol{y}\right) < \frac{1}{2} f(\boldsymbol{x}) + \frac{1}{2} f(\boldsymbol{y})$$

而严格凸函数必为凸函数，由上面证明的必要条件知

$$f\left(\frac{1}{2}\boldsymbol{x} + \frac{1}{2}\boldsymbol{y}\right) = f\left(\boldsymbol{x} + \frac{1}{2}(\boldsymbol{y}-\boldsymbol{x})\right) \geqslant f(\boldsymbol{x}) + \frac{1}{2} \nabla f(\boldsymbol{x})^{\mathrm{T}}(\boldsymbol{y}-\boldsymbol{x})$$

则有

$$\frac{1}{2} f(\boldsymbol{x}) + \frac{1}{2} f(\boldsymbol{y}) > f(\boldsymbol{x}) + \frac{1}{2} \nabla f(\boldsymbol{x})^{\mathrm{T}}(\boldsymbol{y}-\boldsymbol{x})$$

故得

$$f(\boldsymbol{y}) > f(\boldsymbol{x}) + \nabla f(\boldsymbol{x})^{\mathrm{T}}(\boldsymbol{y}-\boldsymbol{x})$$

(2) 再证充分性。

设 $\forall \boldsymbol{x}, \boldsymbol{y} \in D$，恒有

$$f(\boldsymbol{y}) \geqslant f(\boldsymbol{x}) + \nabla f(\boldsymbol{x})^{\mathrm{T}}(\boldsymbol{y}-\boldsymbol{x})$$

则对 $\forall \alpha \in (0, 1)$，记

$$z=\alpha x+(1-\alpha)y\in D$$

且有

$$\begin{cases}f(x)\geqslant f(z)+\nabla f(z)^{\mathrm{T}}(x-z)\\ f(y)\geqslant f(z)+\nabla f(z)^{\mathrm{T}}(y-z)\end{cases}$$

用 α 和 $1-\alpha$ 分别乘上两式再相加得

$$\begin{aligned}\alpha f(x)+(1-\alpha)f(y)&\geqslant f(z)+\alpha\,\nabla f(z)^{\mathrm{T}}(x-z)+(1-\alpha)\,\nabla f(z)^{\mathrm{T}}(y-z)\\&=f(z)+\nabla f(z)^{\mathrm{T}}[\alpha(x-z)+(1-\alpha)(y-z)]\\&=f(z)+\nabla f(z)^{\mathrm{T}}[\alpha x+(1-\alpha)y-z]\\&=f(z)+\nabla f(z)^{\mathrm{T}}0\\&=f(z)\end{aligned}$$

即

$$\alpha f(x)+(1-\alpha)f(y)\geqslant f(\alpha x+(1-\alpha)y)$$

可知 $f(x)$ 为凸函数。

对严格凸函数，将上述证明过程中的 $\geqslant$ 换成 $>$，类似可证。

定理 2.8(二阶条件)　设 $D\in\mathbf{R}^n$ 为非空开凸集，$f(x)\in C^2(D)$，则

(1) $f(x)$ 为 D 上凸函数 $\Leftrightarrow\nabla^2 f(x)$ 半正定，$\forall x\in D$；

(2) 若 $\forall x\in D$，都有 $\nabla^2 f(x)$ 正定，则 $f(x)$ 为 D 上严格凸函数。

证明　(1) 先证充分性。

若对 $\forall x\in D$，都有 $\nabla^2 f(x)$ 半正定，则 $\forall x, y\in D$，由 Taylor 公式知，$\exists\alpha\in(0, 1)$，$\xi=\alpha y+(1-\alpha)x$，使

$$f(y)=f(x)+\nabla f(x)^{\mathrm{T}}(y-x)+\frac{1}{2}(y-x)^{\mathrm{T}}\,\nabla^2 f(\xi)(y-x)\geqslant 0$$

所以有

$$f(y)\geqslant f(x)+\nabla f(x)(y-x)$$

由定理 2.7 知，$f(x)$ 为凸函数。

(2) 再证必要性。

$\forall x\in D$, $\forall z\in\mathbf{R}^n$, $z\neq 0$，因为 D 为开集，所以 $\exists\delta>0$，使得当 $\lambda\in(0, \delta)$ 时，有 $x+\lambda z\in D$。

由一阶条件知

$$f(\boldsymbol{x}+\lambda \boldsymbol{z}) \geqslant f(\boldsymbol{x})+\lambda \nabla f(\boldsymbol{x})^{\mathrm{T}} \boldsymbol{z} \tag{2-13}$$

又由 Taylor 公式知

$$f(\boldsymbol{x}+\lambda \boldsymbol{z})=f(\boldsymbol{x})+\lambda \nabla f(\boldsymbol{x})^{\mathrm{T}} \boldsymbol{z}+\frac{1}{2} \lambda^{2} \boldsymbol{z}^{\mathrm{T}} \nabla^{2} f(\boldsymbol{x}) \boldsymbol{z}+o(\|\lambda \boldsymbol{z}\|^{2})$$

由式(2－13)知

$$\frac{1}{2} \lambda^{2} \boldsymbol{z}^{\mathrm{T}} \nabla^{2} f(\boldsymbol{x}) \boldsymbol{z}+o(\|\lambda \boldsymbol{z}\|^{2}) \geqslant 0$$

即

$$\frac{1}{2} \boldsymbol{z}^{\mathrm{T}} \nabla^{2} f(\boldsymbol{x}) \boldsymbol{z}+\frac{o(\|\lambda \boldsymbol{z}\|^{2})}{\lambda^{2}} \geqslant 0$$

令 $\lambda \to 0^{+}$ 得

$$\boldsymbol{z}^{\mathrm{T}} \nabla^{2} f(\boldsymbol{x}) \boldsymbol{z} \geqslant 0$$

故 $\nabla^{2} f(\boldsymbol{x})$ 半正定。证毕。

2.5 可行方向、边界点为极值点的条件、凸规划[1-6]

定义 2.5(下降方向) 对问题 $\min\limits_{x \in D} f(\boldsymbol{x})$，设 $\boldsymbol{x} \in D \subseteq \mathbf{R}^{n}$，$\boldsymbol{h} \in \mathbf{R}^{n}$，若 $\exists \delta>0$ 使对 $\forall \alpha \in(0, \delta)$ 都有 $f(\boldsymbol{x}+\alpha \boldsymbol{h})<f(\boldsymbol{x})$，则 $\boldsymbol{h}$ 为 $f(\boldsymbol{x})$ 在 $\boldsymbol{x}$ 处的一个下降方向。

定义 2.6(容许(可行)方向) 对问题 $\min\limits_{x \in D} f(\boldsymbol{x})$，设 $\boldsymbol{x} \in D \subseteq \mathbf{R}^{n}$，$\boldsymbol{h} \in \mathbf{R}^{n}$，若 $\exists \delta>0$ 使对 $\forall \alpha \in(0, \delta)$ 都有 $\boldsymbol{x}+\alpha \boldsymbol{h} \in D$，则称 $\boldsymbol{h}$ 为 $f(\boldsymbol{x})$ 在 $\boldsymbol{x}$ 处的一个可行(容许)方向。

定义 2.7(下降可行方向) 若方向 $\boldsymbol{h}$ 既是 $f(\boldsymbol{x})$ 在 $\boldsymbol{x}$ 处的一个下降方向，又是可行方向，则称 $\boldsymbol{h}$ 为 $f(\boldsymbol{x})$ 在 $\boldsymbol{x}$ 处的一个下降可行方向。

定理 2.9 设 $f(\boldsymbol{x})$ 一阶可导，对 $\boldsymbol{x} \in D$，若 $\boldsymbol{h}$ 满足 $\nabla f(\boldsymbol{x})^{\mathrm{T}} \boldsymbol{h}<0$，则 $\boldsymbol{h}$ 为 $f(\boldsymbol{x})$ 在 $\boldsymbol{x}$ 处的下降方向。

证明 已知 $f(\boldsymbol{x})$可导，$\boldsymbol{x} \in D$，由 Taylor 公式有

$$f(\boldsymbol{x}+\alpha \boldsymbol{h})=f(\boldsymbol{x})+\alpha \nabla f(\boldsymbol{x})^{\mathrm{T}} \boldsymbol{h}+o(\|\alpha \boldsymbol{h}\|)$$

当 $\alpha>0$ 充分小时，由$\nabla f(\boldsymbol{x})^{\mathrm{T}} \boldsymbol{h}<0$，知

$$\alpha \nabla f(\boldsymbol{x})^{\mathrm{T}} \boldsymbol{h} + o(\| \alpha \boldsymbol{h} \|) = \alpha \left[\nabla f(\boldsymbol{x})^{\mathrm{T}} \boldsymbol{h} + \frac{o(\| \alpha \boldsymbol{h} \|)}{\alpha} \right] < 0$$

则有

$$f(\boldsymbol{x} + \alpha \boldsymbol{h}) < f(\boldsymbol{x})$$

即 $\boldsymbol{h}$ 为 $f(\boldsymbol{x})$在 $\boldsymbol{x}$ 处的一个下降方向。

定理 2.10　设 $f: D \to \mathbf{R}^1$，$D \in \mathbf{R}^n$，$\boldsymbol{x}^* \in D$（$\boldsymbol{x}$ 为 D 的内点或边界点均可），若满足下列条件：

(1) $f(\boldsymbol{x})$ 二阶可导；

(2) 对 $\boldsymbol{x}^*$ 处任一可行方向 $\boldsymbol{h}$，均有 $\nabla f(\boldsymbol{x}^*)^{\mathrm{T}} \boldsymbol{h} \geqslant 0$；

(3) $\nabla^2 f(\boldsymbol{x}^*)$ 正定，

则 $\boldsymbol{x}^*$ 为 $f(\boldsymbol{x})$ 在 $\boldsymbol{x}^*$ 处的一个严格局部极小点。

定义 2.8（凸规划）

问题(p)

$$\begin{cases} \min\ f(\boldsymbol{x}) \\ \text{s.t.}\ \ g_i(\boldsymbol{x}) \geqslant 0 \qquad (i=1, 2, \cdots, m) \end{cases}$$

或

$$\begin{cases} \min\ f(\boldsymbol{x}) \\ \boldsymbol{x} \in D,\ D\ \text{为凸集} \end{cases}$$

若 $f(\boldsymbol{x})$，$-g_i(\boldsymbol{x})$　($i = 1, 2, \cdots, m$) 均为凸函数，则称问题(p)为凸规划。

定理 2.11　对上述凸规划，有下列结论成立：

(1) 可行域 D 为凸集；

(2) 最优解集为凸集；

(3) 任何一个局部极小点都是全局极小点。

证明　(1) 令 $p_i(\boldsymbol{x}) = -g_i(\boldsymbol{x})$，则 $p_i(\boldsymbol{x})$ 均为凸函数，可行解集为

$$D = \{\boldsymbol{x} \in \mathbf{R}^n \mid p_i(\boldsymbol{x}) \leqslant 0,\ i = 1, 2, \cdots, m\}$$

对于 $\forall\, \boldsymbol{x}, \boldsymbol{y} \in D$，$\forall\, \lambda \in (0, 1)$，由于 $p_i(\boldsymbol{x})$为凸函数，可知

$$p_i(\lambda \boldsymbol{x} + (1-\lambda)\boldsymbol{y}) \leqslant \lambda p_i(\boldsymbol{x}) + (1-\lambda) p_i(\boldsymbol{y}) \leqslant \lambda \cdot 0 + (1-\lambda) \cdot 0 = 0$$

即

$$p_i(\lambda \boldsymbol{x}+(1-\lambda)\boldsymbol{y}) \leqslant 0 \qquad (i=1,2,\cdots,m)$$

所以

$$\lambda \boldsymbol{x}+(1-\lambda)\boldsymbol{y} \in D$$

即 D 为凸集。

(2) 设 $D^*=\{\boldsymbol{x}^* \in D \mid f(\boldsymbol{x}) \geqslant f(\boldsymbol{x}^*),\ \forall \boldsymbol{x} \in D\}$ 为最优解集，则对 $\forall \boldsymbol{x}^*, \boldsymbol{y}^* \in D^*$，$\forall \lambda \in (0,1)$，由于 $f(\boldsymbol{x})$ 为凸函数，可知

$$f(\lambda \boldsymbol{x}^*+(1-\lambda)\boldsymbol{y}^*) \leqslant \lambda f(\boldsymbol{x}^*)+(1-\lambda)f(\boldsymbol{y}^*)$$

由于 $f(\boldsymbol{x}^*)=f(\boldsymbol{y}^*)$ 均为最优值，则有

$$f(\lambda \boldsymbol{x}^*+(1-\lambda)\boldsymbol{y}^*) \leqslant \lambda f(\boldsymbol{x}^*)+(1-\lambda)f(\boldsymbol{x}^*)=f(\boldsymbol{x}^*)$$

从而 $f(\lambda \boldsymbol{x}^*+(1-\lambda)\boldsymbol{y}^*)$ 也是最优解，所以

$$\lambda \boldsymbol{x}^*+(1-\lambda)\boldsymbol{y}^* \in D^*$$

即 D^* 为凸集。

(3) 设 $\boldsymbol{x}^*$ 为任一局部极小点，即 $\exists N_\delta(\boldsymbol{x}^*)$ 使得当 $\boldsymbol{x} \in N_\delta(\boldsymbol{x}^*)$ 时有 $f(\boldsymbol{x}) \geqslant f(\boldsymbol{x}^*)$。若 $\boldsymbol{x}^*$ 不是全局最优解，则 $\exists \overline{\boldsymbol{x}} \in D$ 使 $f(\overline{\boldsymbol{x}}) < f(\boldsymbol{x}^*)$（反证法）。故对 $\forall \lambda \in (0,1)$，都有

$$f((1-\lambda)\boldsymbol{x}^*+\lambda \overline{\boldsymbol{x}}) \leqslant (1-\lambda)f(\boldsymbol{x}^*)+\lambda f(\overline{\boldsymbol{x}}) < f(\boldsymbol{x}^*)$$

当 $\lambda>0$ 充分小时，$(1-\lambda)\boldsymbol{x}^*+\lambda \overline{\boldsymbol{x}}$ 充分接近于 $\boldsymbol{x}^*$，此时 $(1-\lambda)\boldsymbol{x}^*+\lambda \overline{\boldsymbol{x}} \in N_\delta(\boldsymbol{x}^*)$，这和 $\boldsymbol{x}^*$ 为 p 极小点矛盾。故结论成立。

定理 2.12 若凸规划(p)中 $f(\boldsymbol{x})$ 为严格凸函数，则除定理 2.11 的结论外，还有性质：若最优解集非空（即若有一个局部极小点），则最优解是唯一的。

证明 若 $\boldsymbol{x}, \boldsymbol{y} \in D^*$，$\boldsymbol{x} \neq \boldsymbol{y}$，$f(\boldsymbol{x})=f(\boldsymbol{y})$，则对 $\forall \lambda \in (0,1)$ 有

$$\lambda \boldsymbol{x}+(1-\lambda)\boldsymbol{y} \in D$$

且

$$f(\lambda \boldsymbol{x}+(1-\lambda)\boldsymbol{y}) < \lambda f(\boldsymbol{x})+(1-\lambda)f(\boldsymbol{y}) < f(\boldsymbol{x})$$

矛盾。

参考文献

[1] 陈开周. 最优化计算方法[M]. 西安：西北电讯工程学院出版社，1985.

[2] 杨庆之. 最优化方法[M]. 北京：科学出版社，2016.

[3] 王燕军，梁治安. 最优化基础理论与方法[M]. 上海：复旦大学出版社，2011.

[4] 陈宝林. 最优化理论与算法[M]. 2 版. 北京：清华大学出版社，2005.

[5] WRIGHT，S J，NOCEDAL J. Numerical optimization[M]. Springer Science，1999.

[6] SUN W Y，YUAN Y X. Optimization theory and methods：nonlinear programming [M]. Vol. 1. Springer Science & Business Media，2006.

第三章 线 性 规 划

3.1 线性规划的标准形式[1-3]

线性规划(Linear Programming，LP)问题的标准形式可以规定为以下形式：

$$\begin{cases}\max\limits_{x} & c_1x_1+c_2x_2+\cdots+c_nx_n \\ \text{s.t.} & a_{11}x_1+a_{12}x_2+\cdots+a_{1n}x_n=b_1 \\ & a_{21}x_1+a_{22}x_2+\cdots+a_{2n}x_n=b_2 \\ & \vdots \\ & a_{m1}x_1+a_{m2}x_2+\cdots+a_{mn}x_n=b_m \\ & x_i\geqslant 0 \quad (i=1,2,\cdots,n)\end{cases} \tag{3-1}$$

记

$$\boldsymbol{C}=(c_1,c_2,\cdots,c_n)^{\mathrm{T}}$$

$$\boldsymbol{x}=(x_1,x_2,\cdots,x_n)^{\mathrm{T}}$$

$$\boldsymbol{b}=(b_1,b_2,\cdots,b_m)^{\mathrm{T}}$$

$$\boldsymbol{A}=\begin{bmatrix}a_{11} & a_{12} & \cdots & a_{1n}\\ a_{21} & a_{22} & \cdots & a_{2n}\\ \vdots & \vdots & & \vdots\\ a_{m1} & a_{m2} & \cdots & a_{mn}\end{bmatrix}=\begin{bmatrix}\boldsymbol{A}_1\\ \boldsymbol{A}_2\\ \vdots\\ \boldsymbol{A}_m\end{bmatrix}=[P_1 \quad P_2 \quad \cdots \quad P_n]$$

其中 $\boldsymbol{A}_i$ 为 $\boldsymbol{A}$ 的第 i 个行向量($i=1,2,\cdots,m$)，$\boldsymbol{P}_j$ 为 $\boldsymbol{A}$ 的第 j 个列向量($j=1,2,\cdots,n$)，则式(3-1)又可写成如下的标准形式：

$$\begin{cases}\max\ \boldsymbol{C}^{\mathrm{T}}\boldsymbol{x} \\ \text{s.t.}\ \boldsymbol{A}\boldsymbol{x}=\boldsymbol{b} \\ \qquad \boldsymbol{x}\geqslant 0\end{cases} \tag{3-2}$$

$$\begin{cases} \max \boldsymbol{C}^{\mathrm{T}} \boldsymbol{x} \\ \text{s.t. } \boldsymbol{A}_i \boldsymbol{x} = b_i \quad (i = 1, 2, \cdots, m) \\ \quad \boldsymbol{x} \geqslant 0 \end{cases} \tag{3-3}$$

$$\begin{cases} \max \boldsymbol{C}^{\mathrm{T}} \boldsymbol{x} \\ \text{s.t. } \boldsymbol{P}_j x_j = \boldsymbol{b} \\ \quad \boldsymbol{x} \geqslant 0 \end{cases} \tag{3-4}$$

将线性规划的非标准形式化为标准形式的具体步骤如下：

(1) 若目标函数是极小化问题，则 $\min \boldsymbol{C}^{\mathrm{T}} \boldsymbol{x}$ 可化为 $\max(-\boldsymbol{C}^{\mathrm{T}} \boldsymbol{x})$。

(2) 若约束方程为不等式约束，这里有两种情况：一种是 $\boldsymbol{A}_i \boldsymbol{x} \leqslant b_i$，则可在不等式小于等于左端加入非负松弛变量 $x_{n+i} \geqslant 0$，化为 $\boldsymbol{A}_i \boldsymbol{x} + x_{n+i} = b_i$；另一种是 $\boldsymbol{A}_i \boldsymbol{x} \geqslant b_i$，则可在不等式大于等于左端减去非负剩余变量 $x_{n+i} \geqslant 0$，化为 $\boldsymbol{A}_i \boldsymbol{x} - x_{n+i} = b_i$。

(3) 存在取值无约束的变量 $\boldsymbol{x}_j \in \mathbf{R}$ 时，可引进两个新变量 $\boldsymbol{x}'_j$、$\boldsymbol{x}''_j$ 代替 $\boldsymbol{x}_j$，如下：令 $\boldsymbol{x}_j = x'_j - x''_j$，$x'_j \geqslant 0$，$x''_j \geqslant 0$。

3.2 基本概念与最优解的判定[1]

考虑(LP)：

$$\begin{cases} \max \boldsymbol{C}^{\mathrm{T}} \boldsymbol{x} \\ \text{s.t. } \boldsymbol{A} \boldsymbol{x} = \boldsymbol{b} \\ \quad \boldsymbol{x} \geqslant 0 \end{cases}$$

其中，$\boldsymbol{A}$ 为 $m \times n$ 矩阵，$m < n$，$\text{Rank}(\boldsymbol{A}) = m$，$\boldsymbol{x} \in \mathbf{R}^n$，$\boldsymbol{b} \in \mathbf{R}^m$。$\boldsymbol{A}$ 的第 j 列记为 $\boldsymbol{P}_j$，则

$$\boldsymbol{A} = (\boldsymbol{P}_1, \boldsymbol{P}_2, \cdots, \boldsymbol{P}_n)$$

由 $\text{Rank}(\boldsymbol{A}) = m$ 知，$\boldsymbol{A}$ 中必有 m 列是线性无关的，设 $\boldsymbol{P}_{j1}$，$\boldsymbol{P}_{j2}$，…，$\boldsymbol{P}_{jm}$ 线性无关，并记 $\boldsymbol{B} = (\boldsymbol{P}_{j1}, \boldsymbol{P}_{j2}, \cdots, \boldsymbol{P}_{jm})$，则 $\boldsymbol{B}^{-1}$ 存在。

记 $\boldsymbol{N} = \boldsymbol{A} \backslash \boldsymbol{B}$，$\boldsymbol{N}$ 为从 $\boldsymbol{A}$ 中去掉属于 $\boldsymbol{B}$ 的列后所得到的矩阵。记

$$\boldsymbol{x}_{\boldsymbol{B}} = (x_{j1}, x_{j2}, \cdots, x_{jm})^{\mathrm{T}}$$

$$\boldsymbol{x}_{\boldsymbol{N}} = \boldsymbol{x} \backslash \boldsymbol{x}_{\boldsymbol{B}}$$

$\boldsymbol{x}_{\boldsymbol{N}}$ 为从 $\boldsymbol{x}$ 中去掉属于 $\boldsymbol{x}_{\boldsymbol{B}}$ 的分量后所得到的向量，则

$$\boldsymbol{Ax} = \boldsymbol{b} \Leftrightarrow \boldsymbol{P}_1 x_1 + \boldsymbol{P}_2 x_2 + \cdots + \boldsymbol{P}_n x_n = \boldsymbol{b}$$

$$\Leftrightarrow (\boldsymbol{P}_{j1} x_{j1} + \boldsymbol{P}_{j2} x_{j2} + \cdots + \boldsymbol{P}_{jm} x_{jm}) + \left(\sum_{k \neq j_1 \cdots j_m} P_k x_k \right) = \boldsymbol{b}$$

$$\Leftrightarrow \boldsymbol{Bx_B} + \boldsymbol{Nx_N} = \boldsymbol{b} \tag{3-5}$$

若令 $\boldsymbol{x_N} = 0$，$\boldsymbol{x_B} = \boldsymbol{B}^{-1}\boldsymbol{b}$，于是

$$\begin{cases} \boldsymbol{x_N} = 0 \\ \boldsymbol{x_B} = \boldsymbol{B}^{-1}\boldsymbol{b} \end{cases}$$

为 $\boldsymbol{Bx_B} + \boldsymbol{Nx_N} = \boldsymbol{b}$（即 $\boldsymbol{Ax} = \boldsymbol{b}$）的一个解。

定义 3.1（基本解）　设 $\boldsymbol{B} = (\boldsymbol{P}_{j1}, \boldsymbol{P}_{j2}, \cdots, \boldsymbol{P}_{jm})$ 为一个 m 阶可逆子阵，则称 $\boldsymbol{B}$ 为(LP)的一个基；与基 $\boldsymbol{B}$ 对应的向量 $\boldsymbol{x_B}$ 中任一分量 x_{ji} 称为对应于基 $\boldsymbol{B}$ 的基变量，而 $\boldsymbol{x_N}$ 中各分量称为非基变量；$\boldsymbol{Ax} = \boldsymbol{b}$ 的解 $\begin{cases} \boldsymbol{x_N} = 0 \\ \boldsymbol{x_B} = \boldsymbol{B}^{-1}\boldsymbol{b} \end{cases}$ 称为对应于基 $\boldsymbol{B}$ 的基本解。

在基本解中，若 $\boldsymbol{x_B} = (x_{j1}, x_{j2}, \cdots, x_{jm})$ 中有为 0 的分量，则称此基本解为退化的基本解。

【注】　基的个数至多有 C_n^m 个，故基本解的个数也至多有 C_n^m 个（从 n 列中取 m 列的组合数）。

定义 3.2（基本可行解）　若 $\boldsymbol{x}$ 满足 $\boldsymbol{Ax} = \boldsymbol{b}$，$\boldsymbol{x} \geqslant 0$，则称 $\boldsymbol{x}$ 为 LP 的一个可行解，使 $\boldsymbol{C}^{\mathrm{T}}\boldsymbol{x}$ 达到最大的可行解为最优解。若 $\boldsymbol{B}$ 为(LP)的一个基，而基本解 $\boldsymbol{x_N} = 0$，$\boldsymbol{x_B} = \boldsymbol{B}^{-1}\boldsymbol{b}$ 又是可行解，则称此基本解为(LP)的基本可行解，此时，称 $\boldsymbol{B}$ 为一个可行基。若此基本可行解又是最优解，则称 $\boldsymbol{B}$ 为最优基。

【注】　基本解 $\boldsymbol{x_N} = 0$，$\boldsymbol{x_B} = \boldsymbol{B}^{-1}\boldsymbol{b}$ 已满足 $\boldsymbol{Ax} = \boldsymbol{b}$，故若 $\boldsymbol{x_B} = \boldsymbol{B}^{-1}\boldsymbol{b}$ 满足 $\boldsymbol{Ax} = \boldsymbol{b}$，$\boldsymbol{x_B} = \boldsymbol{B}^{-1}\boldsymbol{b} \geqslant 0$，则此基本解又是可行解，从而为基本可行解；反之，若一个基本解是可行解，则有 $\boldsymbol{x}_B = \boldsymbol{B}^{-1}\boldsymbol{b} \geqslant 0$。

设 $\boldsymbol{B}$ 为一个基，有

$$\boldsymbol{Ax} = \boldsymbol{b} \Leftrightarrow \boldsymbol{Bx_B} + \boldsymbol{Nx_N} = \boldsymbol{b} \Leftrightarrow \boldsymbol{x_B} = \boldsymbol{B}^{-1}\boldsymbol{b} - \boldsymbol{B}^{-1}\boldsymbol{Nx_N} \tag{3-6}$$

记 $\boldsymbol{C}_B = (C_{j1}, C_{j2}, \cdots, C_{jm})^{\mathrm{T}}$，$\boldsymbol{C_N} = \boldsymbol{C} \backslash \boldsymbol{C_B}$，$\boldsymbol{C_N}$ 为从 $\boldsymbol{C}$ 中去掉 $\boldsymbol{C_B}$ 中各分量而得的向量，则有

$$\boldsymbol{C}^{\mathrm{T}}\boldsymbol{x} = (C_{j1}x_{j1} + C_{j2}x_{j2} + \cdots + C_{jm}x_{jm}) + \left(\sum_{k \neq j_1 \cdots j_m} C_k x_k \right) = \boldsymbol{C}_{\boldsymbol{B}}^{\mathrm{T}}\boldsymbol{x_B} + \boldsymbol{C}_{\boldsymbol{N}}^{\mathrm{T}}\boldsymbol{x_N} \tag{3-7}$$

即

$$\begin{aligned}\boldsymbol{C}^{\mathrm{T}}\boldsymbol{x} &= \boldsymbol{C}_B^{\mathrm{T}}\boldsymbol{x}_B + \boldsymbol{C}_N^{\mathrm{T}}\boldsymbol{x}_N \\ &= \boldsymbol{C}_B^{\mathrm{T}}(\boldsymbol{B}^{-1}\boldsymbol{b} - \boldsymbol{B}^{-1}\boldsymbol{N}\boldsymbol{x}_N) + \boldsymbol{C}_N^{\mathrm{T}}\boldsymbol{x}_N \\ &= \boldsymbol{C}_B^{\mathrm{T}}\boldsymbol{B}^{-1}\boldsymbol{b} - (\boldsymbol{C}_B^{\mathrm{T}}\boldsymbol{B}^{-1}\boldsymbol{N} - \boldsymbol{C}_N^{\mathrm{T}})\boldsymbol{x}_N\end{aligned}$$

由 $\boldsymbol{C}_B^{\mathrm{T}}\boldsymbol{B}^{-1}\boldsymbol{b} - \boldsymbol{C}_B^{\mathrm{T}} = 0$ 可得

$$(\boldsymbol{C}_B^{\mathrm{T}}\boldsymbol{B}^{-1}\boldsymbol{b} - \boldsymbol{C}_B^{\mathrm{T}})\boldsymbol{x}_B = 0 \tag{3-8}$$

所以

$$\begin{aligned}\boldsymbol{C}^{\mathrm{T}}\boldsymbol{x} &= \boldsymbol{C}_B^{\mathrm{T}}\boldsymbol{B}^{-1}\boldsymbol{b} - (\boldsymbol{C}_B^{\mathrm{T}}\boldsymbol{B}^{-1}\boldsymbol{N} - \boldsymbol{C}_N^{\mathrm{T}})\boldsymbol{x}_N - (\boldsymbol{C}_B^{\mathrm{T}}\boldsymbol{B}^{-1}\boldsymbol{B} - \boldsymbol{C}_B^{\mathrm{T}})\boldsymbol{x}_B \\ &= \boldsymbol{C}_B^{\mathrm{T}}\boldsymbol{B}^{-1}\boldsymbol{b} - \boldsymbol{C}_B^{\mathrm{T}}\boldsymbol{B}^{-1}(\boldsymbol{N}\boldsymbol{x}_N + \boldsymbol{B}\boldsymbol{x}_B) + \boldsymbol{C}^{\mathrm{T}}\boldsymbol{x} \\ &= \boldsymbol{C}_B^{\mathrm{T}}\boldsymbol{B}^{-1}\boldsymbol{b} - \boldsymbol{C}_B^{\mathrm{T}}\boldsymbol{B}^{-1}\boldsymbol{A}\boldsymbol{x} + \boldsymbol{C}^{\mathrm{T}}\boldsymbol{x} \\ &= \boldsymbol{C}_B^{\mathrm{T}}\boldsymbol{B}^{-1}\boldsymbol{b} - (\boldsymbol{C}_B^{\mathrm{T}}\boldsymbol{B}^{-1}\boldsymbol{A} - \boldsymbol{C}^{\mathrm{T}})\boldsymbol{x}\end{aligned} \tag{3-9}$$

【注】 若 $\boldsymbol{x} = \begin{bmatrix}\boldsymbol{x}_N \\ \boldsymbol{x}_B\end{bmatrix}$ 为基本可行解，则由式(3－8)可知

$$\boldsymbol{C}^{\mathrm{T}}\boldsymbol{x} = \boldsymbol{C}_B^{\mathrm{T}}\boldsymbol{B}^{-1}\boldsymbol{b} \tag{3-10}$$

定理 3.1(最优解的判别定理) 设 $\boldsymbol{B}$ 为(LP)的一个基，若 $\boldsymbol{B}^{-1}\boldsymbol{b} \geqslant 0$，且

$$\boldsymbol{C}_B^{\mathrm{T}}\boldsymbol{B}^{-1}\boldsymbol{A} - \boldsymbol{C}^{\mathrm{T}} \geqslant 0$$

则对应于基 $\boldsymbol{B}$ 的基本解 $\boldsymbol{x}_N = 0$，$\boldsymbol{x}_B = \boldsymbol{B}^{-1}\boldsymbol{b}$ 必是(LP)的一个最优解。

证明 由 $\boldsymbol{B}^{-1}\boldsymbol{b} \geqslant 0$ 可知

$$\boldsymbol{x}_B = \boldsymbol{B}^{-1}\boldsymbol{b} \geqslant 0$$

而 $\boldsymbol{x}_N = 0$，故基本解 $\begin{cases}\boldsymbol{x}_N = 0 \\ \boldsymbol{x}_B = \boldsymbol{B}^{-1}\boldsymbol{b}\end{cases}$ 为一个基本可行解。

又因为

$$\boldsymbol{C}_B^{\mathrm{T}}\boldsymbol{B}^{-1}\boldsymbol{A} - \boldsymbol{C}^{\mathrm{T}} \geqslant 0$$

由式(3－9)知，对任意可行解 $\boldsymbol{x}$，有 $\boldsymbol{x} \geqslant 0$，且

$$\boldsymbol{C}^{\mathrm{T}}\boldsymbol{x} \leqslant \boldsymbol{C}_B^{\mathrm{T}}\boldsymbol{B}^{-1}\boldsymbol{b}$$

而由式(3－10)可知，在基本解 $\begin{cases}\boldsymbol{x}_N = 0 \\ \boldsymbol{x}_B = \boldsymbol{B}^{-1}\boldsymbol{b}\end{cases}$ 处，有

$$\boldsymbol{C}^{\mathrm{T}}\boldsymbol{x} = \boldsymbol{C}_B^{\mathrm{T}}\boldsymbol{B}^{-1}\boldsymbol{b}$$

故基本可行解处函数值最大，所以 $\begin{cases} \boldsymbol{x}_N = 0 \\ \boldsymbol{x}_B = \boldsymbol{B}^{-1}\boldsymbol{b} \end{cases}$ 为最优解。

例 3.1 判定 $\begin{cases} \max -x_1 - 2x_2 - 3x_3 \\ \text{s.t. } 2x_1 - x_2 = 1 \\ \qquad x_1 + x_3 = 1 \\ \qquad x_1 \sim x_3 > 0 \end{cases}$ 的基 $\boldsymbol{B} = (P_1 \quad P_3)$ 对应的基本解是否是最优解。

解

$$\boldsymbol{B} = (P_1 \quad P_3)\ \boldsymbol{A} = \begin{bmatrix} 2 & -1 & 0 \\ 1 & 0 & 1 \end{bmatrix}$$

$$\boldsymbol{B} = \begin{bmatrix} 2 & 0 \\ 1 & 1 \end{bmatrix} \boldsymbol{B}^{-1} = \begin{bmatrix} \frac{1}{2} & 0 \\ \frac{1}{2} & 1 \end{bmatrix}$$

$$\boldsymbol{C} = [-1 \quad -2 \quad -3]^{\mathrm{T}}\ \boldsymbol{b} = \begin{bmatrix} 1 \\ 1 \end{bmatrix}$$

$$\boldsymbol{C}_B^{\mathrm{T}} = (-1 \quad -3)$$

$$\boldsymbol{B}^{-1}\boldsymbol{b} = \begin{bmatrix} \frac{1}{2} \\ \frac{1}{2} \end{bmatrix} \geqslant \begin{bmatrix} 0 \\ 0 \end{bmatrix}$$

$$\boldsymbol{B}^{-1}\boldsymbol{A} = \begin{bmatrix} 1 & -\frac{1}{2} & 0 \\ 0 & \frac{1}{2} & 1 \end{bmatrix}$$

$$\boldsymbol{C}_B^{\mathrm{T}}\boldsymbol{B}^{-1}\boldsymbol{A} - \boldsymbol{C}^{\mathrm{T}} = (-1 \quad -1 \quad -3) - (-1 \quad -2 \quad -3) = (0 \quad 1 \quad 0) \geqslant 0$$

由定理 3.1 知，$\begin{cases} x_2 = 0 \\ x_1 = \frac{1}{2} \\ x_3 = \frac{1}{2} \end{cases}$ 为最优解。

例 3.2　判定 $\begin{cases} \max -x_1-2x_2 \\ \text{s.t.}\ -x_1+x_2+x_3=1 \\ \quad x_2+x_4=2 \\ \quad x_1 \sim x_4 \geqslant 0 \end{cases}$ 中 $\boldsymbol{B}=(P_3 \quad P_4)$ 是否为可行基？是否为最优基？

解：

$$\boldsymbol{A}=\begin{bmatrix} -1 & 1 & 1 & 0 \\ 0 & 1 & 0 & 1 \end{bmatrix}$$

$$\boldsymbol{B}=(P_3 \quad P_4)=\begin{bmatrix} 1 & 0 \\ 0 & 1 \end{bmatrix}$$

$$\boldsymbol{C}=(1 \quad -2 \quad 0 \quad 0)^{\mathrm{T}}$$

$$\boldsymbol{C}_{\boldsymbol{B}}^{\mathrm{T}}=(0 \quad 0)$$

$$\boldsymbol{b}=\begin{bmatrix} 1 \\ 2 \end{bmatrix}$$

由于

$$\boldsymbol{B}^{-1}\boldsymbol{b}=\begin{bmatrix} 1 \\ 2 \end{bmatrix} \geqslant \begin{bmatrix} 0 \\ 0 \end{bmatrix}$$

所以基 $\boldsymbol{B}$ 为可行基，可知基本解 $\begin{cases} x_1=0 \\ x_2=0 \\ x_3=1 \\ x_4=2 \end{cases}$ 为基本可行解。

因为

$$\boldsymbol{C}_{\boldsymbol{B}}^{\mathrm{T}}\boldsymbol{B}^{-1}\boldsymbol{A}-\boldsymbol{C}^{\mathrm{T}}=(0 \quad 0)$$

$$\boldsymbol{B}^{-1}\boldsymbol{A}-\boldsymbol{C}^{\mathrm{T}}=-\boldsymbol{C}^{\mathrm{T}}=(-1 \quad 2 \quad 0 \quad 0)$$

不为非负向量。因此，不能判定基本可行解是否为最优解，还需进一步判断。

前面已经推出(见式(3-9)和式(3-10))：

$$\boldsymbol{C}^{\mathrm{T}}\boldsymbol{x}=\boldsymbol{C}_{\boldsymbol{B}}^{\mathrm{T}}\boldsymbol{B}^{-1}\boldsymbol{b}-(\boldsymbol{C}_{\boldsymbol{B}}^{\mathrm{T}}\boldsymbol{B}^{-1}\boldsymbol{A}-\boldsymbol{C}^{\mathrm{T}})\boldsymbol{x}$$

而

$$\boldsymbol{A}\boldsymbol{x}=\boldsymbol{b} \Leftrightarrow \boldsymbol{B}^{-1}\boldsymbol{A}\boldsymbol{x}=\boldsymbol{B}^{-1}\boldsymbol{b}$$

上两式中有四个关键项：

$$\boldsymbol{C}_B^{\mathrm{T}}\boldsymbol{B}^{-1}\boldsymbol{b},\ \boldsymbol{C}_B^{\mathrm{T}}\boldsymbol{B}^{-1}\boldsymbol{A}-\boldsymbol{C}^{\mathrm{T}},\ \boldsymbol{B}^{-1}\boldsymbol{b},\ \boldsymbol{B}^{-1}\boldsymbol{A}$$

写成如下形式，记作 $T(\boldsymbol{B})$：

$$T(\boldsymbol{B})=\begin{bmatrix}\boldsymbol{C}_B^{\mathrm{T}}\boldsymbol{B}^{-1}\boldsymbol{b} & \boldsymbol{C}_B^{\mathrm{T}}\boldsymbol{B}^{-1}\boldsymbol{A}-\boldsymbol{C}^{\mathrm{T}}\\ \boldsymbol{B}^{-1}\boldsymbol{b} & \boldsymbol{B}^{-1}\boldsymbol{A}\end{bmatrix}$$

称为(LP)对应于基 $\boldsymbol{B}$ 的单纯形表。

求 $T(\boldsymbol{B})$ 的步骤如下：

(1) 取基 $\boldsymbol{B}$，写出 $\boldsymbol{C}_B^{\mathrm{T}}$、$\boldsymbol{C}^{\mathrm{T}}$、$\boldsymbol{A}$、$\boldsymbol{b}$。

(2) 求 $\boldsymbol{B}^{-1}\boldsymbol{b}$。

(3) 求 $\boldsymbol{C}_B^{\mathrm{T}}\boldsymbol{B}^{-1}\boldsymbol{b}$。

(4) 求 $\boldsymbol{B}^{-1}\boldsymbol{A}$。

(5) 求 $\boldsymbol{C}_B^{\mathrm{T}}\boldsymbol{B}^{-1}\boldsymbol{A}-\boldsymbol{C}^{\mathrm{T}}$。

(6) 写出 $T(\boldsymbol{B})$。

记

$$\begin{bmatrix}b_{00} & b_{01} & b_{02} & \cdots & b_{0j} & \cdots & b_{0n}\\ b_{10} & b_{11} & b_{12} & \cdots & b_{1j} & \cdots & b_{1n}\\ b_{20} & b_{21} & b_{22} & \cdots & b_{2j} & \cdots & b_{2n}\\ \vdots & \vdots & \vdots & & \vdots & & \vdots\\ b_{i0} & b_{i1} & b_{i2} & \cdots & b_{ij} & \cdots & b_{in}\\ \vdots & \vdots & \vdots & & \vdots & & \vdots\\ b_{m0} & b_{m1} & b_{m2} & \cdots & b_{mj} & \cdots & b_{mn}\end{bmatrix}=\begin{bmatrix}\boldsymbol{C}_B^{\mathrm{T}}\boldsymbol{B}^{-1}\boldsymbol{b} & \boldsymbol{C}_B^{\mathrm{T}}\boldsymbol{B}^{-1}\boldsymbol{A}-\boldsymbol{C}^{\mathrm{T}}\\ \boldsymbol{B}^{-1}\boldsymbol{b} & \boldsymbol{B}^{-1}\boldsymbol{A}\end{bmatrix}$$

定义 3.3(极射向)　设 $\boldsymbol{B}=(\boldsymbol{P}_{j1},\boldsymbol{P}_{j2},\cdots,\boldsymbol{P}_{jm})$ 为(LP)的一个基，令 $T(\boldsymbol{B})=b_{ij}$，对于每一个非基变量 x_j，$j\neq(j_1,j_2,\cdots,j_m)$，定义向量 $\boldsymbol{Y}_j=(y_{1j},y_{2j},\cdots,y_{nj})^{\mathrm{T}}$ 如下：

$$\begin{cases}y_{j_ij}=-b_{ij} & (i=1,2,\cdots,m)\\ y_{jj}=1,\ y_{lj}=0 & (i\neq j,j_1,\cdots,j_m)\end{cases}\tag{3-11}$$

称 $\boldsymbol{Y}_j$ 为对应于非基变量 $\boldsymbol{x}_j$ 的极方向。若 $\boldsymbol{Y}_j\geqslant 0$，则称其为极射向。

引理 3.1　$\boldsymbol{A}\boldsymbol{Y}_j=0$。

证明　由 $\boldsymbol{B}^{-1}\boldsymbol{P}_j=\begin{bmatrix}b_{1j}\\ \vdots\\ b_{mj}\end{bmatrix}$ 可得

$$P_j = B\begin{bmatrix} b_{1j} \\ \vdots \\ b_{mj} \end{bmatrix} = b_{1j}P_{j1} + b_{2j}P_{j2} + \cdots + b_{mj}P_{jm} \tag{3-12}$$

$$P_j - (b_{1j}P_{j1} + b_{2j}P_{j2} + \cdots + b_{mj}P_{jm}) = 0$$

而

$$\begin{aligned} AY_j &= P_1 y_{1j} + P_2 y_{2j} + \cdots + P_n y_{nj} \\ &= P_j y_{jj} + P_{j_1} y_{j_1 j} + \cdots + P_{j_m} y_{j_m j} \\ &= P_j - P_{j_1} b_{1j} - P_{j_2} b_{2j} - \cdots - P_{j_m} b_{mj} = 0 \end{aligned} \tag{3-13}$$

引理 3.2　$C^T Y_j = -b_{0j}$。

证明　$C^T Y_j = [C_1 \quad \cdots \quad C_n]\begin{pmatrix} y_{1j} \\ \vdots \\ y_{nj} \end{pmatrix} = C_j - C_{j_1} b_{1j} - C_{j_2} b_{2j} - \cdots - C_{j_m} b_{mj}$

$$= C_j - C_B^T B^{-1} P_j = -b_{0j} \tag{3-14}$$

定理 3.2　设 B 为一个基，$T(B) = b_{ij}$，若有某个 j $(1 \leqslant j \leqslant n)$ 使 $b_{0j} < 0$，$b_{ij} \leqslant 0 (i = 1, 2, \cdots, m)$，则(LP)无可行解或目标函数无上界。因此无论哪种情况，(LP)均无最优解。

证明　由 $b_{ij} \leqslant 0 (i = 1, 2, \cdots, m)$ 可知 $Y_j \geqslant 0$，由引理 3.2 知 $C^T Y_j = -b_{0j} > 0$。

考虑两种可能：

(1) 若(LP)无可行解，定理成立。

(2) 若(LP)有可行解，设 x 为一个可行解，则对 $\forall \lambda > 0$，有

$$A(x + \lambda Y_j) = Ax + \lambda AY_j = Ax = b$$

$$C^T(x + \lambda Y_j) = C^T x + \lambda C^T Y_j = C^T x - \lambda b_{0j} \to +\infty (\lambda \to +\infty)$$

证毕。

【注】(1) 定理 3.1 说明，若有基 B 使 $B^{-1}b \geqslant 0$，$C_B^T B^{-1} A - C^T \geqslant 0$，则基本解 $x_B = B^{-1}b$，$x_N = 0$ 为最优解；

(2) 定理 3.2 说明，若有基 B 使某个 $b_{0j} < 0$，$b_{ij} \leqslant 0 (i = 1, 2, \cdots, m)$，则(LP)无最优解。

(3) 若以上两条均不成立(假设有可行基，不妨设 B 为可行基，基 $B^{-1}b \geqslant 0$)，则存在 $b_{0s} < 0$，但同时还存在 $b_{rs} > 0$，故此时无法判定是否有最优解，需用所谓的换基迭代(转轴运算)来寻找使目标函数增大的新基可行解。

3.3 单纯形法[1]

3.3.1 转轴运算(换基迭代、旋转变换)

对可行基 $\boldsymbol{B}$ 的单纯形表 $T(\boldsymbol{B})=(b_{ij})$，若 b_{0j} 中有无数 $(j=1,2,\cdots,n)$，如 $b_{0s}<0$，而存在 $b_{rs}>0$，则对 $T(\boldsymbol{B})$ 作如下运算：

转轴运算：

(1) 用 b_{rs} 除 $T(\boldsymbol{B})$ 的第 r 行 $(1\leqslant r\leqslant m)$。

(2) 用第 i 行减去第 r 行的 $\dfrac{b_{is}}{b_{rs}}$ $(i\neq r;\ i=0,1,\cdots,n)$。

(3) 所得矩阵记为 $T(\overline{\boldsymbol{B}})=(\bar{b}_{ij})$ $(i=0,1,\cdots,m;\ j=0,1,\cdots,n)$，其中

$$\begin{cases}\bar{b}_{rj}=\dfrac{b_{rj}}{b_{rs}} & (j=0,1,\cdots,n)\\[2ex] \bar{b}_{ij}=b_{ij}-b_{rj}\dfrac{b_{is}}{b_{rs}} & (i=0,1,\cdots,m;\ i\neq r;\ j=0,1,\cdots,n)\end{cases}$$

上面的换基迭代(转轴运算)其实是对 $T(\boldsymbol{B})$ 作高斯消去法。

定理 3.3 若 $T(\boldsymbol{B})$ 是基 $\boldsymbol{B}=(\boldsymbol{P}_{j1},\boldsymbol{P}_{j2},\cdots,\boldsymbol{P}_{jm})$ 的单纯形表，则在上转轴运算下，$T(\overline{\boldsymbol{B}})=(\overline{b_{ij}})$ 为基 $\boldsymbol{B}=(\boldsymbol{P}_{j1},\boldsymbol{P}_{j2},\cdots,\boldsymbol{P}_{j_{r-1}},\boldsymbol{P}_s,\boldsymbol{P}_{j_{r+1}},\cdots,\boldsymbol{P}_{jm})$ 下的单纯形表。

定义 3.4(旋入变量和旋出变量) 上面的换基迭代称为 $\{r,s\}$ 转轴运算或换基迭代(旋转变换)，b_{rs} 称为旋转元，第 r 行称为旋转行，第 s 列称为旋转列，基变量 x_s 称为旋入变量，x_{jr} 称为旋出变量，$\boldsymbol{P}_s$ 为旋入向量，$\boldsymbol{P}_{jr}$ 为旋出向量。

例 3.3
$$\begin{cases}\max\ 2x_1+x_2\\ \text{s.t.}\ \ x_1+x_2\leqslant 5\\ \qquad -x_1+x_2\leqslant 0\\ \qquad 6x_1+2x_2\leqslant 21\\ \qquad x_1\geqslant 0,\ x_2\geqslant 0\end{cases}\ \text{化为标准形}\Rightarrow\begin{cases}\max\ 2x_1+x_2\\ \text{s.t.}\ \ x_1+x_2+x_3=5\\ \qquad -x_1+x_2+x_4=0\\ \qquad 6x_1+2x_2+x_5=21\\ \qquad x_1,\cdots,x_5\geqslant 0\end{cases}$$

取 $\boldsymbol{B}=(\boldsymbol{P}_3\quad\boldsymbol{P}_4\quad\boldsymbol{P}_5)=\boldsymbol{I}$，则 $\boldsymbol{x}_{\boldsymbol{B}}=(x_3\quad x_4\quad x_5)^{\mathrm{T}}$，求 $T(\boldsymbol{B})$，并作 $\{1,1\}$ 旋转。

解
$$A=\begin{bmatrix}1&1&1&0&0\\-1&1&0&1&0\\6&2&0&0&1\end{bmatrix}$$

由 $\boldsymbol{B}=(\boldsymbol{P}_3\quad \boldsymbol{P}_4\quad \boldsymbol{P}_5)=\boldsymbol{I}$，可得

$$\boldsymbol{B}^{-1}\boldsymbol{b}=\boldsymbol{b}=(5\quad 0\quad 21)^{\mathrm{T}}$$

$$\boldsymbol{C}_{\boldsymbol{B}}^{\mathrm{T}}\boldsymbol{B}^{-1}\boldsymbol{b}=(0\quad 0\quad 0)\begin{bmatrix}5\\0\\21\end{bmatrix}=0$$

$$\boldsymbol{B}^{-1}\boldsymbol{A}=\boldsymbol{A}$$

$$\boldsymbol{C}_{\boldsymbol{B}}^{\mathrm{T}}\boldsymbol{B}^{-1}\boldsymbol{A}-\boldsymbol{C}^{\mathrm{T}}=(-2\quad -1\quad 0\quad 0\quad 0)$$

$$T(\boldsymbol{B})=\begin{bmatrix}0&-2&-1&0&0&0\\5&1&1&1&0&0\\0&-1&1&0&1&0\\21&6&2&0&0&1\end{bmatrix}$$

若以 $b_{11}=1$ 为旋转元，则 $\boldsymbol{P}_1$ 为旋入向量，$\boldsymbol{P}_{j1}=\boldsymbol{P}_3$ 为旋出向量，旋转后得 $\overline{\boldsymbol{B}}=(\boldsymbol{P}_1\quad \boldsymbol{P}_4\quad \boldsymbol{P}_5)$ 的单纯形表。

$$T(\overline{\boldsymbol{B}})=\begin{matrix}\\x_1\\x_4\\x_5\end{matrix}\begin{bmatrix}10&0&1&2&0&0\\5&1&1&1&0&0\\5&0&2&1&1&0\\-9&0&-4&-6&0&1\end{bmatrix}$$ 基本解为

$$x_2=0,\ x_3=0,\ x_1=5,\ x_4=5,\ x_5=-9\leqslant 0$$

为非可行解。由此可知 $\overline{\boldsymbol{B}}$ 不是可行基。

总结：

(1) 从一个可行基的单纯形表经旋转变换可得另一个基的单纯形表(定理 3.3)。

(2) 旋转元 b_{rs} 选择得不合适，可能使新的基为非可行基，故如何选 b_{rs} 也很重要。

下面介绍的单纯形法可以避免产生非可行基的单纯形表。

3.3.2 单纯形法

第一阶段，找一个可行基 $\boldsymbol{B}(\boldsymbol{B}^{-1}\boldsymbol{b}\geqslant 0)$。

第二阶段，从 $T(\boldsymbol{B})$ 出发，通过不断旋转变换，得到新的可行基的单纯形表，右列可以求出最优解或判断出无最优解。在此处先讨论第二阶段如何做，即转轴运算(旋转变换)。

算法 3.1　已知可行基 $\boldsymbol{B}=(\boldsymbol{P}_{j1}, \boldsymbol{P}_{j2}, \cdots, \boldsymbol{P}_{jm})$。

步骤 1　求 $T(\boldsymbol{B})$，此时 $\boldsymbol{B}^{-1}\boldsymbol{b}\geqslant 0$，记

$$N=\{1, 2, \cdots, n\}$$

$$D=\{j_1, j_2, \cdots, j_m\}$$

$$G=N\backslash D$$

步骤 2　若 $b_{0j}\geqslant 0(\forall j\in G)$，则由定理 3.1 知，最优解为

$$\begin{cases}\boldsymbol{x_B}=\boldsymbol{B}^{-1}\boldsymbol{b}\\ \boldsymbol{x_N}=0\end{cases}$$

否则转步骤 3。

步骤 3　设 $S=\min\{j\mid b_{0j}<0, j\in G\}$，若所有 $b_{is}\leqslant 0\ (i=1, 2, \cdots, m)$，则由定理 3.2 知，(LP)无最优解，否则转步骤 4。

步骤 4　求 $\theta=\min\left\{\dfrac{b_{i0}}{b_{is}}\mid b_{is}>0, 1\leqslant i\leqslant m\right\}$。令

$$j_r=\min\left\{j_i\mid \theta=\frac{b_{i0}}{b_{is}}, b_{is}>0, 1\leqslant i\leqslant m\right\}$$

步骤 5　作 $\{r, s\}$ 旋转变换，得新基 $\overline{\boldsymbol{B}}=(\boldsymbol{P}_{j1}, \cdots, \boldsymbol{P}_{jr-1}, \boldsymbol{P}_s, \boldsymbol{P}_{jr+1}, \cdots, \boldsymbol{P}_{jm})$ 的单纯形表，修正 $D=D\backslash\{j_r\}\cup\{S\}$，$G=G\backslash\{S\}\cup\{j_r\}$，转步骤 2。

例 3.4　前面例 3.3，取 $\boldsymbol{B}_1=(\boldsymbol{P}_3\quad \boldsymbol{P}_4\quad \boldsymbol{P}_5)$，求解(LP)。

解　前面已求出

$$T(\boldsymbol{B}_1)=\begin{bmatrix}0 & -2 & -1 & 0 & 0 & 0\\ 5 & 1 & 1 & 1 & 0 & 0\\ 0 & -1 & 1 & 0 & 1 & 0\\ 21 & 6 & 2 & 0 & 0 & 1\end{bmatrix}$$

又

$$S=\min\{j\mid b_{0j}<0, 1\leqslant j\leqslant n\}=1$$

$$\theta=\min\left\{5, \frac{21}{6}\right\}=\frac{21}{6}=\frac{b_{30}}{b_{31}}$$

得

$$r=3,\ j_r=j_3=5$$

作 $\{r, s\}=\{3, 1\}$ 旋转变换得 $\boldsymbol{B}_2=(\boldsymbol{P}_3\quad \boldsymbol{P}_4\quad \boldsymbol{P}_1)$ 的单纯形表：

$$T(\boldsymbol{B}_2)=\begin{bmatrix} 7 & 0 & -\frac{1}{3} & 0 & 0 & \frac{1}{3} \\ \frac{2}{3} & 0 & \frac{2}{3} & 1 & 0 & -\frac{1}{6} \\ \frac{7}{2} & 0 & \frac{4}{3} & 0 & 1 & \frac{1}{6} \\ \frac{2}{7} & 1 & \frac{1}{3} & 0 & 0 & \frac{1}{6} \end{bmatrix}$$

基本解 $x_3=\frac{3}{2}$，$x_4=\frac{7}{2}$，$x_1=\frac{7}{2}$，$x_2=x_5=0$ 为可行解。

由 $b_{02}=-\frac{1}{3}<0$，$s=2$，可得

$$\theta=\min\left\{\frac{3/2}{2/3}, \frac{7/2}{4/3}, \frac{7/2}{1/3}\right\}=\min\left\{\frac{9}{4}, \frac{21}{8}, \frac{21}{2}\right\}=\frac{9}{4}=\frac{b_{10}}{b_{12}}$$

$$r=1,\ j_r=3$$

作 $\{r, s\}=\{1, 2\}$ 旋转变换，得 $\boldsymbol{B}_3=(\boldsymbol{P}_2\quad \boldsymbol{P}_4\quad \boldsymbol{P}_1)$ 的单纯形表为

$$T(\boldsymbol{B}_3)=\begin{matrix} \\ x_2 \\ x_4 \\ x_1 \\ \end{matrix}\begin{bmatrix} \frac{31}{4} & 0 & 0 & \frac{1}{2} & 0 & \frac{1}{4} \\ \frac{9}{4} & 0 & 1 & \frac{3}{2} & 0 & -\frac{1}{2} \\ \frac{1}{2} & 0 & 0 & -2 & 1 & \frac{1}{2} \\ \frac{11}{4} & 1 & 0 & -\frac{1}{2} & 0 & \frac{1}{4} \end{bmatrix}$$

基本解 $\begin{cases} x_1=11/4 \\ x_2=9/4 \\ x_4=1/2 \end{cases}$，$x_3=0$，$x_5=0$ 为可行解，又因为 $b_{0j}\geqslant 0\ (j=1, 2, 3, 4, 5)$，则可知此基本解为最优解。

定理 3.4 上面单纯形法适用于任何线性规划，必在有限步终止于步骤 1 或步骤 2。

证明 略。

说明：

(1) 有限步终止于步骤 2，即有限步求出了最优解；

(2) 有限步终止于步骤 3，即有限步可以判断出问题最优解。

因此，该定理说明，若问题有最优解，则算法可在有限步求出；若问题无最优解，则算法也可在有限步判断出。故单纯形法有限步可解决任何线性规划问题，是一种有效的方法。

但是理论上可以证明，单纯形法不是一个多项式时间算法。从理论上讲，它不是一个高效的算法。那么对线性规划，有无多项式时间的算法呢？回答是肯定的。最早发现线性规划有多项式时间算法的是苏联数学家哈奇杨，他提出了一个椭球算法，是第一个解线性规划的多项式时间算法，后来贝尔实验室的科学家 Karmarkar 提出了一个更高效的多项式时间算法，即 Karmarkar 算法。在这些多项式时间算法的基础上，科学家们提出了很多多项式时间算法。有兴趣的读者可以查找相关文献。这里不再赘述。

参 考 文 献

[1] 陈开周. 最优化计算方法[M]. 西安：西北电讯工程学院出版社，1985.

[2] 胡运权. 运筹学教程[M]. 4 版. 北京：清华大学出版社，2012.

[3] 吴祈宗，侯福均. 运筹学与最优化方法[M]. 2 版. 北京：机械工业出版社，2013.

补充阅读材料

第四章　非线性规划

非线性规划可以按照约束条件分为无约束最优化问题与带约束最优化问题，因此其求解算法也根据上述问题分为两类。本章首先介绍几种常用的无约束优化算法，包括最速下降法、牛顿法、共轭梯度法和拟牛顿法。然后介绍几种常用的约束优化算法，主要包括外点法、内点法和熵函数法。同时介绍一种求全局优化的算法——填充函数法。无约束优化算法最常见的形式是迭代法。下面先简单介绍求解无约束优化问题的迭代法的一般框架。

4.1　迭代法概述与一维搜索算法[1]

4.1.1　迭代法概述

迭代法的基本思想如下：先选 $f(\boldsymbol{x})$ 极小点的一个初始近似点 $\boldsymbol{x}^0$（初始点）逐次产生一个点列 $\boldsymbol{x}^1, \boldsymbol{x}^2, \cdots, \boldsymbol{x}^k$。满足 $f(\boldsymbol{x}^0) > f(\boldsymbol{x}^1) > \cdots > f(\boldsymbol{x}^k) > \cdots$，且希望 $\{\boldsymbol{x}^k\}$ 收敛于 $f(\boldsymbol{x})$ 的极小点 $\boldsymbol{x}^*$，或 $\{\boldsymbol{x}^k\}$ 的有限项后达到极小点。一般来说，产生 $\{\boldsymbol{x}^k\}$ 的步骤如下：

(1) 取 $\boldsymbol{x}^0$（越靠近 $\boldsymbol{x}^*$ 越好），令 $k=0$。

(2) 求下降方向 $\boldsymbol{p}^k$：求 $f(\boldsymbol{x})$ 在 $\boldsymbol{x}^k$ 处的一个下降方向 $\boldsymbol{p}^k$（$\boldsymbol{p}^k$ 称为搜索方向）。

(3) 一维（线性）搜索：$\min f(\boldsymbol{x}^k+\alpha\boldsymbol{p}^k)=f(\boldsymbol{x}^k+\alpha_k\boldsymbol{p}^k)$，即在射线 $\boldsymbol{x}^k+\alpha\boldsymbol{p}^k$ 上求 $f(\boldsymbol{x})$ 的极小点，α_k 称为最佳步长。

(4) 令 $\boldsymbol{x}^{k+1}=\boldsymbol{x}^k+\alpha_k\boldsymbol{p}^k$，若 $\boldsymbol{x}^{k+1}$ 为最优点，停止；否则，令 $k=k+1$，转步骤(2)。

上述迭代法中，求 α_k 的方法实际是求一个变量 α 的极小化方法：

$$\min_{\alpha\geqslant 0}\varphi(\alpha)=\min_{\alpha\geqslant 0}f(\boldsymbol{x}^k+\alpha\boldsymbol{p}^k)$$

即一维优化方法，称其为一维搜索或线性搜索。

例 4.1　$f(x_1, x_2)=x_1^2+5x_2^2+4x_1+3x_2$，取 $\boldsymbol{x}^k=\begin{pmatrix}1\\2\end{pmatrix}$，$\boldsymbol{p}^k=\begin{pmatrix}3\\4\end{pmatrix}$，$\boldsymbol{x}^k+\alpha\boldsymbol{p}^k=\begin{pmatrix}1\\2\end{pmatrix}+$

$\alpha\begin{pmatrix}3\\4\end{pmatrix}$，求 $\varphi(\alpha)$。

解　$\varphi(\alpha)=f(\boldsymbol{x}^k+\alpha\boldsymbol{p}^k)=(1+3\alpha)^2+5(2+4\alpha)^2+4(1+3\alpha)+3(2+4\alpha)$

一维搜索就是求 α_k 使 $\min\limits_{\alpha\geqslant 0}\varphi(\alpha)=\min\limits_{\alpha\geqslant 0}f(\boldsymbol{x}^k+\alpha\boldsymbol{p}^k)$，它是迭代法的一个重要的步骤。下面介绍一些一维搜索算法。

4.1.2　一维搜索算法

1. 成功-失败法

成功-失败法的基本思想是从一初始点出发，按一定步长寻找目标函数值更优的点，倘若在一个方向上搜索失败就退回来，向相反的方向寻找，因此，这是一种试探法。该方法不要求函数可微，但仅适用于搜索区间仅含有一个极小值点的函数。算法的具体步骤描述如下。

算法 4.1　成功-失败法。

步骤 1　令 $k=0$，取 x_0 及步长 $\Delta x>0$，若 $f(x_0+\Delta x)\leqslant f(x_0)$，令 $x_1=x_0+\Delta x$，转步骤 3；否则，令 $\Delta x=-\Delta x$，转步骤 2。

步骤 2　令 $x_{k+1}=x_k+\Delta x$，若 $f(x_{k+1})\leqslant f(x_k)$，转步骤 3，否则，转步骤 4。

思考：因为 $\boldsymbol{p}^k$ 为下降方向，故一维搜索时，只需在 $\alpha\geqslant 0$ 范围搜索，如何改进成功-失败法。

步骤 3　令 $\Delta x=2\Delta x$，$k=k+1$，转步骤 2。

步骤 4　令 $x_m=x_{k+1}$，$x_{m-1}=x_k$，$x_{m-2}=x_{k-1}$（当 $k=0$ 时，$x_{m-2}=x_k-\Delta x$），则 x_{m-2}，x_{m-1}，x_m 三点两边高、中间低，可求出区间 $[x_{m-2},x_m]$ 或 $[x_m,x_{m-2}]$ 含一个极小点。

步骤 5　令 $x_0=x_{m-1}$，$k=0$，$\Delta x=\dfrac{|\Delta x|}{4}$，若 $f(x_0+\Delta x)\leqslant f(x)$，令 $x_1=x_0+\Delta x$，转步骤 3；否则，令 $\Delta x=-\Delta x$，转步骤 2。

图 4.1 所示为采用成功-失败法的加倍步长原则探索的搜索区间。

【注】　用此法求一维函数极小点的效率不高，但可以用它求出一个含极小点的区间，然后用其他高效的方法快速确定出极小点。

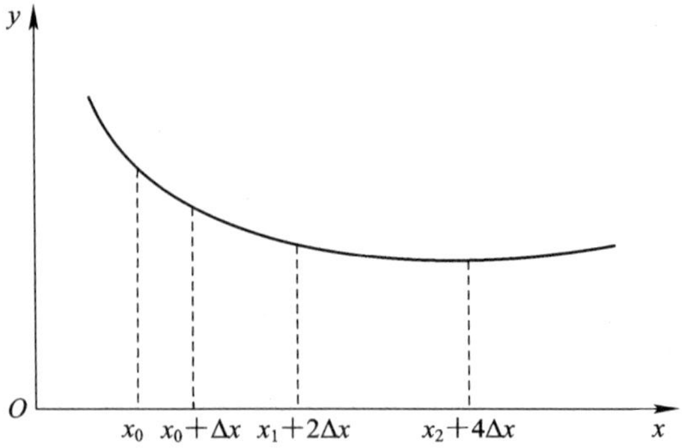

图 4.1 采用加倍步长探索的搜索区间

2. 0.618 法(黄金分割法)

定义 4.1(单峰函数) 设 $f(x)$ 在 $[a, b]$ 上有定义，若 $\exists x^* \in [a, b]$ 使

(1) $f(x^*) = \min\limits_{x\in[a,b]} f(x)$；

(2) 对 $\forall a \leqslant x_1 < x_2 \leqslant b$，当 $x_2 \leqslant x^*$ 时，有 $f(x_1) > f(x_2)$；

(3) 当 $x_1 \geqslant x^*$ 时，有 $f(x_1) < f(x_2)$。

则称 $f(x)$ 为 $[a, b]$ 上的单峰函数(在 x^* 左严格单峰，在 x^* 右严格单峰)。

【注】 单峰函数不必为凸函数。

图 4.2 所示为采用单峰函数放缩的搜索区间。

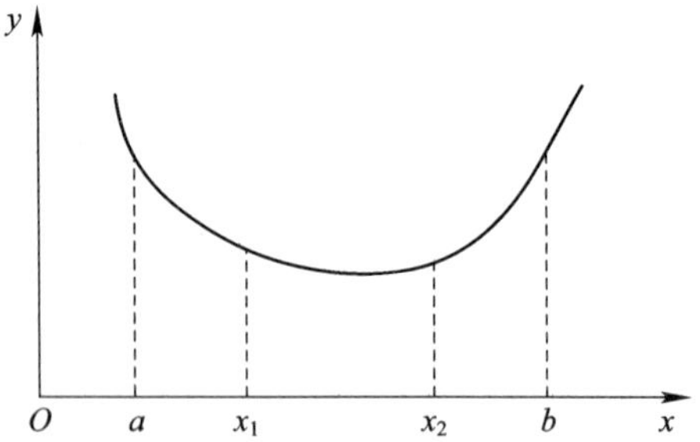

图 4.2 单峰函数放缩的搜索区间

性质：若 $f(x)$ 为 $[a, b]$ 上的单峰函数，最小值点为 x^*。若在 $[a, b]$ 内部取两点 $x_1 < x_2$，则由定义 4.1 知：

(1) 若 $f(x_1) < f(x_2) \Rightarrow x_2$ 不会在 x^* 之左，所以 $x^* \in [a, x_2]$。可去掉"坏"点 x_2 之外的区间 $[x_2, b]$，将含 x^* 的 $[a, b]$ 缩为 $[a, x_2]$。

(2) 若 $f(x_1) > f(x_2) \Rightarrow x_1$ 不会在 x^* 之右，所以 $x^* \in [x_1, b]$，可去掉“坏”点 x_1 之外的区间 $[a, x_1]$，将含 x^* 的 $[a, b]$ 缩为 $[x_1, b]$。

黄金分割法是建立在区间放缩原理基础上的另一种试探方法。首先，在 $[a, b]$ 中任取两点 $x_1 < x_2$，通过比较 $f(x_1)$ 和 $f(x_2)$，就可把含 x^* 的区间 $[a, b]$ 缩短。缩短的原则是“去掉坏点以外的区间”，留下“好点所在的区间”。简称为“去坏留好”原则。根据此原则，每次在区间内取两点，缩短区间，这样反复多次，就将区间越缩越短。最后估计出 x^* 比较正确的位置。在求解过程中，我们需要解决两个问题：

问题 1　如何在区间布点才能使区间缩短最快？

分析：由于事先并不知道 $f(x_1)$ 和 $f(x_2)$ 谁小谁大，故既可能丢掉 $[a, x_1]$，也可能丢掉 $[x_2, b]$。为不丢掉短的一个，应使 $[a, x_1]$ 和 $[x_2, b]$ 长度相等，即 $x_1 - a = - x_2$（x_1 和 x_2 关于中心点对称）或 $x_2 = a + b - x_1$（一个确定，另一个便可确定），此原则称为“对称原则”。

问题 2　第一个点 x_1 如何取？

若只考虑前两个原则：“对称原则”和“去坏留好原则”，则 x_1 应该尽量接近 $[a, b]$ 中点，这样第一次便可去掉接近一半的区间，但这样并不能得证下一次和后续每次丢掉的区间变长，也不能保证丢掉区间总长度最长。为减少计算量，前面区间内的总的函数值已经算出，仍可利用。因此 x_1 如何取还待研究。

华罗庚证明了，若每次都碰到坏运气(在最坏情形下)，则每次区间收缩为上一次区间长度的一个常数倍为最好。

若第 k 次收缩后区间长度为 l_k 的一个常数倍，如 w 倍，即

$$l_{k+1} = wl_k \qquad (0 < w < 1)$$

此序列为“等比收缩序列”，求 w(见图 4.3)。

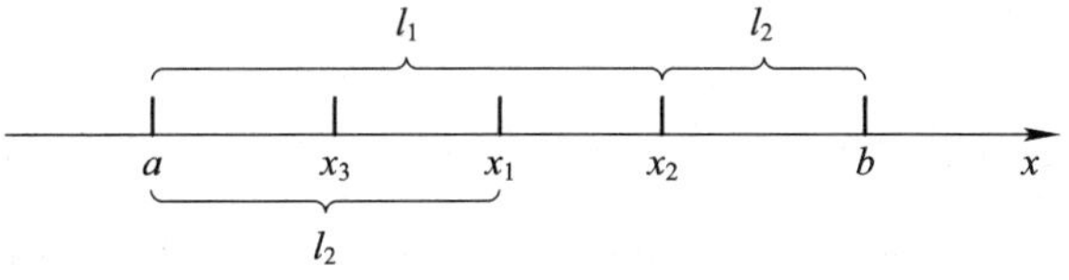

图 4.3　最佳步长 w 的确定

记

$$l_0 = b - a,\ l_0 = l_1 + l_2,\ l_1 = wl_0,\ l_2 = wl_1 = w^2 l_0$$

$$l_1 = x_2 - a = b - x_1,\ l_2 = x_1 - a = b - x_2$$

则有

$$l_0 = wl_0 + w^2 l_0 \Leftrightarrow w^2 + w - 1 = 0 \tag{4-1}$$

解得

$$w = \frac{-1 \pm \sqrt{5}}{2}$$

由 $0 < w < 1$ 可得

$$w = \frac{\sqrt{5}-1}{2} \approx 0.618$$

即 x_2 应放在从 a 起整个区间长的 0.618 处，x_1 放在对称位置，即 0.382 处。综上可得 0.618 法(黄金分割法，The Golden Section Method)。此法由 Kiefer 在 1953 年提出，步骤如下：

算法 4.2　黄金分割法/0.618 法。

步骤 1　令 $x_2 = a + 0.618(b - a)$；$x_1 = (a + b) - x_2 = a + (b - x_2) = a + 0.382(b - a)$，$R = f(x_1)$，$G = f(x_2)$。

步骤 2　若 $R > G$，转步骤 3；否则，转步骤 4。

步骤 3　令 $a = x_1$，$x_1 = x_2$，$R = G$，$x_2 = b - (x_1 - a)$，$G = f(x_2)$，转步骤 5。

步骤 4　令 $b = x_2$，$x_2 = x_1$，$G = R$，$x_1 = a + (b - x_2)$，$R = f(x_1)$。

步骤 5　若 $|b - a| < \varepsilon$，令 $x^* = \frac{a+b}{2}$，停；否则，转步骤 2。

3. 二次插值法

二次插值的基本思想是在搜索区间中用低次(通常不超过三次)插值多项式来近似目标函数，并用该多项式的极小点(比较容易计算)作为目标函数的近似极小点。如果其近似的程度尚未达到所要求的精度，则反复使用此法，逐次拟合，直到满足给定的精度时为止。

已知三点 x_1、x_2、x_3 $(x_1 < x_2 < x_3)$ 处函数值 $f(x_1)$、$f(x_2)$、$f(x_3)$，且 $f(x_1) > f(x_2) < f(x_3)$，过三点 $(x_1, f(x_1))$、$(x_2, f(x_2))$、$(x_3, f(x_3))$ 作抛物线 $p(x) = a_0 + a_1 x + a_2 x^2$ $(a_2 \neq 0)$，近似 $f(x)$，做 $p(x)$ 过上述三点，即满足：

$$\begin{cases} a_0 + a_1 x_1 + a_2 x_1^2 = f(x_1) \\ a_0 + a_1 x_2 + a_2 x_2^2 = f(x_2) \\ a_0 + a_1 x_3 + a_2 x_3^2 = f(x_3) \end{cases} \tag{4-2}$$

只要求出 a_0、a_1、a_2 即可确定抛物线。式(4-2)是关于 a_0、a_1、a_2 变量的线性方程组。可解出 a_0、a_1、a_2 用 $p(x)$ 的极小点 $\overline{x}$ 来近似 $f(x)$ 的极小点。而 $p(x)$ 的极小点即为其驻点，即 $p'(\overline{x})=0$，所以

$$a_1+2a_2\overline{x}=0,\qquad \overline{x}=-\frac{a_1}{2a_2}$$

而由式(4-2)知

$$a_1=\frac{\begin{vmatrix}1 & f_1 & x_1^2\\ 1 & f_2 & x_2^2\\ 1 & f_3 & x_3^2\end{vmatrix}}{\begin{vmatrix}1 & x_1 & x_1^2\\ 1 & x_2 & x_2^2\\ 1 & x_3 & x_3^2\end{vmatrix}}$$

$$a_2=\frac{\begin{vmatrix}1 & x_1 & f_1\\ 1 & x_2 & f_2\\ 1 & x_3 & f_3\end{vmatrix}}{\begin{vmatrix}1 & x_1 & x_1^2\\ 1 & x_2 & x_2^2\\ 1 & x_3 & x_3^2\end{vmatrix}}$$

分母为范德蒙行列式。由于 $x_1<x_2<x_3$ 互不相等，所以式(4-2)分母对应的行列式不等于0。

$$\begin{aligned}\overline{x}&=-\frac{1}{2}\frac{\begin{vmatrix}1 & f_1 & x_1^2\\ 1 & f_2 & x_2^2\\ 1 & f_3 & x_3^2\end{vmatrix}}{\begin{vmatrix}1 & x_1 & f_1\\ 1 & x_2 & f_2\\ 1 & x_3 & f_3\end{vmatrix}}\\ &=-\frac{1}{2}\frac{-f_1(x_3^2-x_2^2)+f_2(x_3^2-x_1^2)-f_3(x_2^2-x_1^2)}{f_1(x_3-x_2)-f_2(x_3-x_1)+f_3(x_2-x_1)}\\ &=\frac{1}{2}\frac{f_1(x_2^2-x_3^2)+f_2(x_3^2-x_1^2)+f_3(x_1^2-x_2^2)}{f_1(x_2-x_3)+f_2(x_3-x_1)+f_3(x_1-x_2)}\end{aligned}\tag{4-3}$$

等距即 $\Delta x=x_2-x_1=x_3-x_2$ 时，上式化为

$$\overline{x} = \frac{1}{2}\frac{-\Delta x(2x_2+\Delta x)f_1+2\Delta x\cdot 2x_2f_2-\Delta x(2x_2-\Delta x)f_2}{-\Delta xf_1+2\Delta xf_2-\Delta xf_3}$$

$$= \frac{1}{2}\frac{-(2x_2+\Delta x)f_1+4x_2f_2-(2x_2-\Delta x)f_2}{-(f_1-2f_2+f_3)}$$

$$= x_2+\frac{1}{2}\frac{(f_1-f_3)\Delta x_2}{f_1-2f_2+f_3} \tag{4-4}$$

对式(4-3)进行简化，式(4-2)中第一式减去第三式得

$$a_1(x_1-x_3)+a_2(x_1^2-x_3^2)=f_1-f_3$$

$$a_1=-a_2(x_1+x_3)+\frac{f_1-f_3}{x_1-x_3}$$

$$a_1\triangleq -a_2(x_1+x_3)+c_1$$

其中，$c_1=\dfrac{f_1-f_3}{x_1-x_3}$。

由 $\overline{x}=-\dfrac{1}{2}\dfrac{a_1}{a_2}$ 得

$$\overline{x}=\frac{1}{2}\left(x_1+x_3-\frac{c_1}{a_2}\right)=0.5\left(x_1+x_3-\frac{c_1}{a_2}\right) \tag{4-5}$$

而

$$a_2=\frac{(x_3-x_2)f_1-(x_3-x_1)f_2+(x_2-x_1)f_3}{(x_3-x_2)x_1^2-(x_3-x_1)x_2^2+(x_2-x_1)x_3^2}$$

$$=\frac{(x_3-x_2)f_1-(x_3-x_1)f_2+(x_2-x_1)f_3}{(x_3-x_2)(x_1^2-x_2^2)+(x_2-x_1)(x_3^2-x_2^2)}$$

$$=\frac{(x_3-x_2)f_1-(x_3-x_1)f_2+(x_2-x_1)f_3}{(x_3-x_2)(x_2-x_1)(x_3-x_1)}$$

$$=\frac{(x_3-x_1)[f_1-f_2]+(x_2-x_1)[f_3-f_1]}{(x_3-x_2)(x_2-x_1)(x_3-x_1)}$$

$$=\frac{-\dfrac{f_2-f_1}{x_2-x_1}+\dfrac{f_3-f_1}{x_3-x_1}}{x_3-x_2}=\frac{c_1-\dfrac{f_2-f_1}{x_2-x_1}}{x_3-x_2} \tag{4-6}$$

记 $c_2=\dfrac{f_2-f_1}{x_2-x_1}$，则有

$$a_2=\frac{c_1-c_2}{x_3-x_2}$$

$$\bar{x} = 0.5\left(x_1 + x_3 - \frac{c_1}{a_2}\right)$$

于是可得计算 $\bar{x}$ 的公式：

$$\begin{cases} c_1 = \dfrac{f_3 - f_1}{x_3 - x_1} c_2 = \dfrac{f_2 - f_1}{x_2 - x_1} \\ a_2 = \dfrac{c_1 - c_2}{x_3 - x_2} \\ \bar{x} = 0.5\left(x_1 + x_3 - \dfrac{c_1}{a_2}\right) \end{cases} \tag{4-7}$$

计算量比较：

用式(4-3)计算 $\bar{x}$ 时，共需 11 次（x_1^2、x_2^2、x_3^2 共三次，分子三项和时每项再各一次，分母三项各一次，分子除分母一次，乘 0.5 一次）(若分子分解因式，则需 8 次：分母 3 次，分子 3 次)。用式(4-7)计算 $\bar{x}$ 时，共需 5 次。

算法 4.3(二次插值法)　已知三点 x_1、x_2、x_3 ($x_1 < x_2 < x_3$) 处函数值两边高、中间低。

步骤 1　利用式(4-4)求出 $\bar{x}$。

步骤 2　若 $f(\bar{x}) < f(x_2)$，转步骤 3；否则，转步骤 4。

步骤 3　去掉 x_2 外侧区间，剩下区间内三点从左到右依次记为 $x_1 < x_2 < x_3$，转步骤 5。

步骤 4　去掉 $\bar{x}$ 外侧区间，剩下区间内三点从左到右依次记为 $x_1 < x_2 < x_3$，转步骤 5。

步骤 5　若 $|x_1 - x_3| < \varepsilon$，令 $x^* = x_2$，停；否则，转步骤 1。

二次插值法确定插值点示意图如图 4.4 所示。

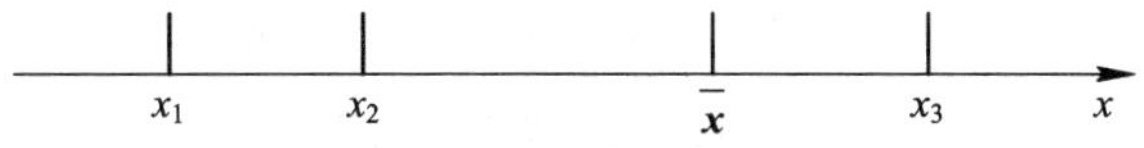

图 4.4　二次插值法确定插值点

4. D.S.C. 法

D.S.C 法是由 Davies、Swann、Campey 提出的，该算法的主要思想是利用成功-失败法寻找靠近极值点的三个点进行二次插值，具体描述如下。

算法 4.4　D.S.C. 法。

步骤 1　令 $k=0$，取 x_0 及 $\Delta x > 0$，若 $f(x_0 + \Delta x) \leqslant f(x_0)$，令 $x_1 = x_0 + \Delta x$，转步

骤 3；否则，令 $\Delta x=-\Delta x$，转步骤 2。

步骤 2　令 $x_{k+1}=x_k+\Delta x$，若 $f(x_{k+1})\leqslant f(x_k)$，转步骤 3；否则，转步骤 4。

步骤 3　令 $\Delta x=2\Delta x$，$k=k+1$，转步骤 2。

步骤 4　若 $k=0$，令 $x_b=x_0$，$\Delta x=-\Delta x$，转步骤 6；令 $\Delta x=\dfrac{\Delta x}{2}$，$x_m=x_{k+1}$，$x_{m+1}=x_m-\Delta x$，$x_{m-1}=x_k$，$x_{m-2}=x_{k-1}$。

步骤 5　在 $\{x_{m-2}, x_{m-1}, x_m, x_{m+1}\}$ 中，若 $f(x_{m+1})>f(x_{m-1})$，则去掉 x_m，令 $x_b=x_{m-1}$；否则，丢掉 x_{m-2}，令 $x_b=x_{m+1}$。

步骤 6　令 $x_a=x_b-|\Delta x|$，求二次插值的极小点 $\bar{x}=x_b+\dfrac{f(x_a)+f(x_b)}{2(f_a-2f_b+f_c)}|\Delta x|$。

步骤 7　若 $\left|\dfrac{f_a-f_b}{f_b}\right|<\varepsilon$，令 $x^*=\bar{x}$，停；否则，以 $\bar{x}$ 为新起点 x_0，$\Delta x=\dfrac{|\Delta x|}{4}$，转步骤 1。

D. S. C. 法确定插值点示意图如图 4.5 所示。

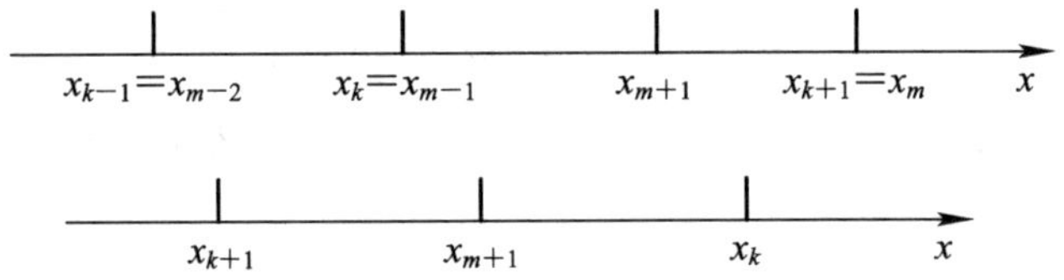

图 4.5　D. S. C 法确定插值点

解释：只能出现以下三种情形之一。

(1) $k=0$ 时，三点 x_a、x_b、x_c 等距，且两边高、中间低。

(2) 若 $k>0$，且 $\Delta x>0$，最后一直向右搜索，如图 4.6 所示。

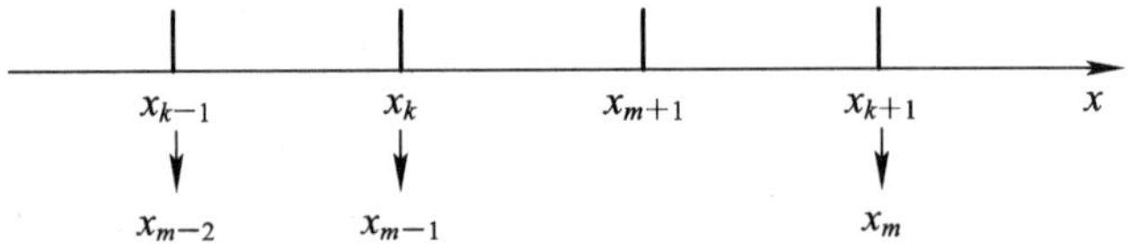

图 4.6　一直向右搜索最终情况示意图

(3) 若 $k>0$，且 $\Delta x<0$，最后一直向左搜索，如图 4.7 所示。

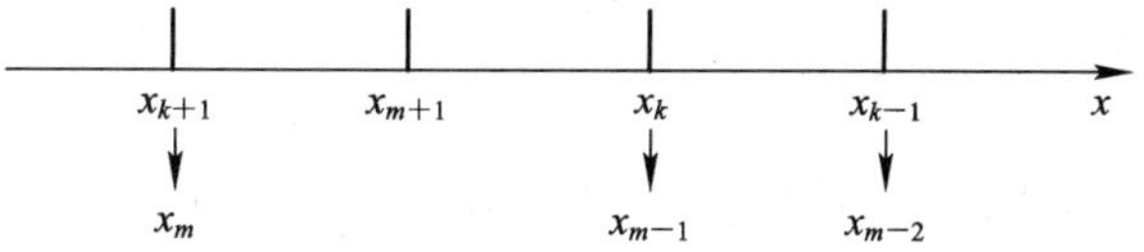

图 4.7　一直向左搜索最终情况示意图

5. 组合法(D. S. C. - Powell 法)

算法 4.5　D. S. C. - Powell。

第一阶段(1～6 步)　用 D. S. C. 法得出 x_a、x_b、x_c、$\overline{x}$。

第二阶段(7 步)　若 $|x_a-\overline{x}|<\varepsilon$，令(取 x_b 与 $\overline{x}$ 中好的一个点作为 x^*) $x^*=\overline{x}$，停；否则，在 $\{x_a\ x_b\ x_c\ \overline{x}\}$ 中丢掉 x_b 与 $\overline{x}$ 中坏的一个之外的点(如 x_b 坏于 $\overline{x}_i$ 且 $x_b<\overline{x}$，则丢掉 x_a)，剩下三个点 x_a、x_b、x_c。

第三阶段(8 步)　以 x_a、x_b、x_c 作为二次插值，求二次插值的极小点：

$$\overline{x}=\frac{1}{2}\frac{(x_b^2-x_c^2)f_a+(x_c^2-x_a^2)f_b+(x_a^2-x_b^2)f_c}{(x_b-x_c)f_a+(x_c-x_a)f_b+(x_a-x_b)f_c}$$

继续转第二阶段。

【注】　此法在不计算数值的一维搜索算法中是较好的一个方法。此法其实是成功-失败法与二次插值法的结合。

4.2　求解无约束非线性规划问题的下降迭代算法[1-7]

下降迭代算法是求解无约束非线性规划问题的常用算法，如本章前面所述，迭代法的一般框架如下：

步骤 1　给出一个初始点 $\boldsymbol{x}^0\in\mathbf{R}^n$，令 $k=0$；若 $\|f(\boldsymbol{x}^k)\|=0$，令 $\boldsymbol{x}^*=\boldsymbol{x}^k$，停；否则，转步骤 2。

步骤 2　求 $\boldsymbol{x}^k$ 处一个下降方向 $\boldsymbol{S}^k$，转步骤 3。

步骤 3　一维搜索：$\min\limits_{\lambda\geqslant 0}f(\boldsymbol{x}^k+\lambda\boldsymbol{S}^k)=f(\boldsymbol{x}^k+\lambda_k\boldsymbol{S}^k)$。

步骤 4　令 $\boldsymbol{x}^{k+1}=\boldsymbol{x}^k+\lambda_k\boldsymbol{S}^k$，$k=k+1$，转步骤 2。

本节介绍的几类下降迭代方法的主要不同点在于求下降方向的方法不同。下降方向的不同构造方法就构成了不同的算法。下面介绍四类下降迭代算法如何确定搜索方向。

4.2.1 最速下降法

对 $\min\limits_{x\in\mathbf{R}^n} f(\boldsymbol{x})$，若 $f(\boldsymbol{x})\in c^1$，且在 $\boldsymbol{x}$ 处，$\nabla f(\boldsymbol{x})\neq 0\Rightarrow -\nabla f(\boldsymbol{x})$ 为 $f(\boldsymbol{x})$ 在 $\boldsymbol{x}$ 处的最速下降方向。若以负梯度方向作为搜索方向，构造的迭代法就是最速下降法。

算法 4.6 最速下降法。

步骤 1 取 $\boldsymbol{x}^0\in\mathbf{R}^n$，令 $k=0$。

步骤 2 求 $\boldsymbol{S}^k=-\nabla f(\boldsymbol{x}^k)$，若 $\|\boldsymbol{S}^k\|=0$，令 $\boldsymbol{x}^*=\boldsymbol{x}^k$，停止；否则，转步骤 3。

步骤 3 一维搜索：$\min\limits_{\lambda\geqslant 0} f(\boldsymbol{x}^k+\lambda\boldsymbol{S}^k)=f(\boldsymbol{x}^k+\lambda_k\boldsymbol{S}^k)$，令 $\boldsymbol{x}^{k+1}=\boldsymbol{x}^k+\lambda_k\boldsymbol{S}_k$，$k=k+1$，转步骤 2。

【注】 第二步计算时，$\|\boldsymbol{S}^k\|=0$ 可用 $\|\boldsymbol{S}^k|<\varepsilon$ 代替，其中 ε 为解的允许精度。

例 4.2 用最速下降法求解 $\min f(x_1, x_2)=\min\{2x_1^2+x_2^2\}$，取 $\boldsymbol{x}^0=(x_1^0, x_2^0)=(1, 1)^{\mathrm{T}}$，$\varepsilon=10^{-2}$。

解 (1)
$$\boldsymbol{x}^0=(1, 1)^{\mathrm{T}},\quad \varepsilon=10^{-2},\quad k=0$$

(2)
$$\boldsymbol{S}^0=-\nabla f(\boldsymbol{x}^0)=(-4x_1^0, -2x_2^0)^{\mathrm{T}}=\begin{bmatrix}-4\\-2\end{bmatrix}$$

$$\|\boldsymbol{S}^0\|_2=2\sqrt{5}>\varepsilon$$

转(3)。

(3)
$$\begin{aligned}f(\boldsymbol{x}^0+\lambda\boldsymbol{S}^0)&=f(1-4\lambda, 1-2\lambda)\\&=2(1-4\lambda)^2+(1-2\lambda)^2\\&=36\lambda^2-20\lambda+3\end{aligned}$$

$$\min f(\boldsymbol{x}^0+\lambda\boldsymbol{S}^0)=\min\{36\lambda^2-20\lambda+3\}$$

$$\lambda_0=\frac{20}{2\times 36}=\frac{5}{18}$$

从而得

$$\boldsymbol{x}^1=\boldsymbol{x}^0+\lambda_0\boldsymbol{S}^0=\begin{bmatrix}1\\1\end{bmatrix}+\frac{5}{18}\begin{bmatrix}-4\\-2\end{bmatrix}=\begin{bmatrix}1\\1\end{bmatrix}-\begin{bmatrix}\dfrac{10}{9}\\[2ex]\dfrac{5}{9}\end{bmatrix}=\begin{bmatrix}-\dfrac{1}{9}\\[2ex]\dfrac{4}{9}\end{bmatrix}$$

$$\boldsymbol{S}^1=\begin{bmatrix}-4x_1^1\\-2x_2^1\end{bmatrix}=\begin{bmatrix}\frac{4}{9}\\-\frac{8}{9}\end{bmatrix},\ \|\boldsymbol{S}^1\|>\varepsilon$$

$$\min f(\boldsymbol{x}^1+\lambda\boldsymbol{S}^1)=f(\boldsymbol{x}^1+\lambda_1\boldsymbol{S}^1)$$

而

$$\begin{aligned}f(\boldsymbol{x}^1+\lambda\boldsymbol{S}^1)&=f\left(-\frac{1}{9}+\frac{4}{9}\lambda,\ \frac{4}{9}-\frac{8}{9}\lambda\right)\\&=2\left(-\frac{1}{9}+\frac{4}{9}\lambda\right)^2+\left(\frac{4}{9}-\frac{8}{9}\lambda\right)^2\\&=\frac{2}{9^2}(4\lambda-1)^2+\frac{1}{9^2}(4-8\lambda)^2\\&=\frac{1}{9^2}[2\times(4\lambda-1)^2+(4-8\lambda)^2]\end{aligned}$$

$$\min_{\lambda\geqslant0}f(\boldsymbol{x}^1+\lambda\boldsymbol{S}^1)=\frac{1}{9^2}\min_{\lambda\geqslant0}[2\times(4\lambda-1)^2+(4-8\lambda)^2]$$

利用一维搜索的性质得

$$16\times(4\lambda-1)-16\times(4-8\lambda)=0$$

$$12\lambda-5=0$$

即

$$\lambda_1=\frac{5}{12}$$

故可得

$$\boldsymbol{x}^2=\boldsymbol{x}^1+\lambda\boldsymbol{S}^1=\begin{bmatrix}\frac{2}{27}\\\frac{2}{27}\end{bmatrix}$$

$$\boldsymbol{S}^2=-f(\boldsymbol{x}^1),\ \|\boldsymbol{S}^2\|>\varepsilon$$

可算出 $\boldsymbol{x}^1$、$\boldsymbol{x}^2$ 越来越趋向于 $\begin{bmatrix}0\\0\end{bmatrix}$。

4.2.2　牛顿法

牛顿法构造下降方向的思想如下：设 $f(\boldsymbol{x})\in C^2$，对已知的 $\boldsymbol{x}^k$，任一个 $\boldsymbol{x}$ 的可行域 $\boldsymbol{x}=$

$\boldsymbol{x}^k+\boldsymbol{\delta}$，若 $\nabla^2 f(\boldsymbol{x}^k)$ 正定，则在 $\boldsymbol{x}^k$ 附近；由 Taylor 展开有

$$f(\boldsymbol{x}) \triangleq f(\boldsymbol{x}^k+\boldsymbol{\delta})=f(\boldsymbol{x}^k)+\nabla f(\boldsymbol{x}^k)^{\mathrm{T}}\boldsymbol{\delta}+\frac{1}{2}\boldsymbol{\delta}^{\mathrm{T}}\nabla f(\boldsymbol{x}^k)^{\mathrm{T}}\boldsymbol{\delta} \triangleq q(\boldsymbol{x}^k,\boldsymbol{\delta})$$

$q(k,\boldsymbol{\delta})$ 可看成是 $f(\boldsymbol{x})$ 的近似。现在的问题是：$\boldsymbol{\delta}$ 如何取值使得 $f(\boldsymbol{x})$ 最小？或近似地讲，$\boldsymbol{\delta}$ 取何值时 $q(\boldsymbol{x}^k,\boldsymbol{\delta})$ 最小？由于 $\nabla^2 f(\boldsymbol{x}^k)$ 正交，所以 $q(\boldsymbol{\delta})$ 的驻点即为最小值。驻点满足：

$$\nabla f(\boldsymbol{x}^k)+\nabla^2 f(\boldsymbol{x}^k)\boldsymbol{\delta}=0$$

即

$$\boldsymbol{\delta}=-\nabla^2 f(\boldsymbol{x}^k)^{-1}\nabla f(\boldsymbol{x}^k) \tag{4-8}$$

因此，$\boldsymbol{\delta}=-\nabla^2 f(\boldsymbol{x}^k)^{-1}\nabla f(\boldsymbol{x}^k)$ 时，$q(\boldsymbol{x}^k,\boldsymbol{\delta})$ 取最小。但由于 $q(\boldsymbol{x}^k,\boldsymbol{\delta})$ 为 $f(\boldsymbol{x}^k+\boldsymbol{\delta})$ 的近似值，所以可近似地认为 $\boldsymbol{\delta}=-\nabla^2 f(\boldsymbol{x}^k)^{-1}\nabla f(\boldsymbol{x}^k)$ 时，$f(\boldsymbol{x}^k+\boldsymbol{\delta})$ 也应很小，$\boldsymbol{\delta}$ 此时应为 $f(\boldsymbol{x}^k+\boldsymbol{\delta})$ 一个好的下降方向。若以 $\boldsymbol{\delta}$ 作为下降方向作一维搜索，可使 $f(\boldsymbol{x}^k+\boldsymbol{\delta})$ 更小。

算法 4.7 牛顿法。

步骤 1 取 $\boldsymbol{x}^0\in\mathbf{R}^n$，令 $k=0$。

步骤 2 若 $\boldsymbol{g}_k=\nabla f(\boldsymbol{x}^k)=0$，令 $\boldsymbol{x}^*=\boldsymbol{x}^k$，停止；否则，转步骤 3。

步骤 3 求 $\boldsymbol{S}^k=-\nabla^2 f(\boldsymbol{x}^k)^{-1}\nabla f(\boldsymbol{x}^k) \triangleq -\boldsymbol{H}_k\boldsymbol{g}_k$，其中记 $\boldsymbol{H}_k=\nabla^2 f(\boldsymbol{x}^k)^{-1}$，$\boldsymbol{g}_k=\nabla f(\boldsymbol{x}^k)$。

步骤 4 $\min\limits_{\lambda\geqslant 0} f(\boldsymbol{x}^k+\lambda\boldsymbol{S}^k)=f(\boldsymbol{x}^k+\lambda_k\boldsymbol{S}^k)$，令 $\boldsymbol{x}^{k+1}=\boldsymbol{x}^k+\lambda_k\boldsymbol{S}^k$，$k=k+1$，转步骤 2。

引理 4.1 若 $f(\boldsymbol{x})$ 为可微凸函数，则其驻点必为全局最优点，而若 $f(\boldsymbol{x})$ 为严格凸函数，则驻点为唯一全局最优点。

证明 已知 $f(\boldsymbol{x})$ 是可微的凸函数，因此对 $\forall\,\boldsymbol{x}^*$ 为 $f(\boldsymbol{x})$ 的一个驻点及 $\forall\,\boldsymbol{x}\in\mathbf{R}^n$，有

$$f(\boldsymbol{x})\geqslant f(\boldsymbol{x}^*)+\nabla f(\boldsymbol{x}^*)^{\mathrm{T}}(\boldsymbol{x}-\boldsymbol{x}^*)=f(\boldsymbol{x}^*)$$

所以 $\boldsymbol{x}^*$ 为全局最优点。

若 $f(\boldsymbol{x})$ 严格凸，若有两个最优解 $\boldsymbol{x}^*$ 和 $\overline{\boldsymbol{x}}^*$ 有

$$\overline{\boldsymbol{x}}^*\neq\boldsymbol{x}^*$$

则由 $f(\boldsymbol{x}_1)$ 严格凸知，对 $\forall\lambda\in(0,1)$，有

$$f(\lambda\boldsymbol{x}^*+(1-\lambda)\overline{\boldsymbol{x}}^*)<\lambda f(\boldsymbol{x}^*)+(1-\lambda)f(\overline{\boldsymbol{x}}^*)=f(\boldsymbol{x}^*)$$

与 $\boldsymbol{x}^*$ 为最优解矛盾，故 $\boldsymbol{x}^*$ 是唯一的全局最优解。

定理 4.1（收敛性）　设 $f(\boldsymbol{x})\in C^2$，对 $\forall \boldsymbol{x}\in \mathbf{R}^n$，有 $\nabla^2 f(\boldsymbol{x})$ 正定，$G_0=\{\boldsymbol{x}\in \mathbf{R}^n \mid f(\boldsymbol{x})\leqslant f(\boldsymbol{x}_0)\}$ 有界，则牛顿法或者在有限步终止于驻点，或若 $\{\boldsymbol{x}^k\}$ 为无穷点列，有唯一极限点 $\boldsymbol{x}^*$，且 $\boldsymbol{x}^*$ 为最优点。

证明　(1) 若在有限步停止，则最后一点为驻点。由 $\nabla^2 f(\boldsymbol{x})$ 正交知 $f(\boldsymbol{x})$ 为严格凸函数，所以驻点为最优点。

(2) 因为 $\boldsymbol{g}_k \triangleq \nabla f(\boldsymbol{x}^k)\neq 0\ (\forall k)$，$\boldsymbol{H}_k \triangleq \nabla^2 f(\boldsymbol{x}^k)$ 正定，故

$$\boldsymbol{S}_k^{\mathrm{T}}(\boldsymbol{g}_k)=\boldsymbol{g}_k^{\mathrm{T}}\boldsymbol{H}_k\boldsymbol{g}_k>0$$

所以 $\boldsymbol{S}^k=-\nabla^2 f(\boldsymbol{x}^k)^{-1}\nabla f(\boldsymbol{x}^k)$ 为下降方向，因而有

$$f(\boldsymbol{x}^{k+1})=\min_{\lambda\geqslant 0} f(\boldsymbol{x}^k+\lambda\boldsymbol{S}^k)=f(\boldsymbol{x}^k+\lambda_k\boldsymbol{S}^k)<f(\boldsymbol{x}^k)$$

则可知$\{f(\boldsymbol{x}^k)\}$严格单减，$\{\boldsymbol{x}^k\}$ 中各 $\boldsymbol{x}^k$ 互不相同，因此$\{\boldsymbol{x}^k\}$为无穷点列。

由 $f(\boldsymbol{x}^k)<f(\boldsymbol{x}^{k-1})\ (k=1,2,\cdots)$ 可知 $\{\boldsymbol{x}^k\}\subset G_0$，所以$\{\boldsymbol{x}^k\}$为有界无穷点列，必有极限点。

设 $\boldsymbol{x}^*$ 为其任一极限点，且 $\exists\{\boldsymbol{x}^k\}$ 的子列 $\{\boldsymbol{x}^{k_j}\}\to\boldsymbol{x}^*$，则

$$\lim_{k_j\to\infty} f(\boldsymbol{x}^{k_j})=f(\boldsymbol{x}^*)$$

又由

$$f(\boldsymbol{x}^{k_{j+1}})\leqslant f(\boldsymbol{x}^{k_j+1})<f(\boldsymbol{x}^{k_j})$$

令 $k_j\to\infty$得

$$\lim_{k_j\to\infty} f(\boldsymbol{x}^{k_j})=\lim_{k_j\to\infty} f(\boldsymbol{x}^{k_j+1})=f(\boldsymbol{x}^*)\tag{4-9}$$

若 $\boldsymbol{g}^*=\nabla f(\boldsymbol{x}^k)\neq 0\Rightarrow \boldsymbol{g}^{*\mathrm{T}}\boldsymbol{H}^*\boldsymbol{g}^*>0$（其中 $\boldsymbol{H}^*=\nabla^2 f(\boldsymbol{x}^*)^{-1}$），则 $\boldsymbol{S}^*=-\boldsymbol{H}^*\boldsymbol{g}^*$ 为 $\boldsymbol{x}^*$ 处下降方向（$-\boldsymbol{g}^{*\mathrm{T}}\boldsymbol{S}^*>0$）。

当 $\bar{\lambda}>0$ 且十分小时，有

$$f(\boldsymbol{x}^*-\bar{\lambda}\boldsymbol{H}^*\boldsymbol{g}^*)=f(\boldsymbol{x}^*+\bar{\lambda}\boldsymbol{S}^*)<f(\boldsymbol{x}^*)\tag{4-10}$$

又因为

$$f(\boldsymbol{x}^{k_{j+1}})=\min_{\lambda\geqslant 0} f(\boldsymbol{x}^{k_j}+\bar{\lambda}\boldsymbol{S}^{k_j})<f(\boldsymbol{x}^{k_j}+\bar{\lambda}\boldsymbol{S}^{k_j})$$

令 $k_j\to\infty$，由式(4-9)和式(4-10)得

$$f(\boldsymbol{x}^*)=\min_{\lambda\geqslant 0} f(\boldsymbol{x}^*+\bar{\lambda}\boldsymbol{S}^*)<f(\boldsymbol{x}^*)$$

矛盾，故

$$\boldsymbol{g}^*=\nabla f(\boldsymbol{x}^*)=0$$

再由 $\nabla^2 f(\boldsymbol{x}^*)$ 正定知，$\boldsymbol{x}^*$ 必为最优解，又由 $f(\boldsymbol{x})$ 严格凸知，最优解唯一，因此 $\boldsymbol{x}^*$ 为唯一最优解。

例 4.3　用牛顿法求 $f(x_1, x_2) = x_1^2 + 100x_2^2$ 的最优解。

解　(1) 取 $\boldsymbol{x}^0 = (1, 1)^{\mathrm{T}}$，$k = 0$。

(2)
$$\boldsymbol{g}^0 = \begin{bmatrix} 2x_1 \\ 200x_2 \end{bmatrix}_{(1,1)} = \begin{bmatrix} 2 \\ 200 \end{bmatrix}$$

(3)
$$\nabla^2 f(\boldsymbol{x}^0) = \begin{bmatrix} 2 & 0 \\ 0 & 200 \end{bmatrix}$$

$$\nabla^2 f(\boldsymbol{x}^0)^{-1} = \begin{bmatrix} \frac{1}{2} & 0 \\ 0 & \frac{1}{200} \end{bmatrix}$$

$$\boldsymbol{S}^0 = -\begin{bmatrix} \frac{1}{2} & 0 \\ 0 & \frac{1}{200} \end{bmatrix}\begin{bmatrix} 2 \\ 200 \end{bmatrix} = -\begin{bmatrix} 1 \\ 1 \end{bmatrix}$$

(4)
$$\begin{aligned}\min_{\lambda \geqslant 0} f(\boldsymbol{x}^0 + \lambda \boldsymbol{S}^0) &= \min_{\lambda \geqslant 0} f(1-\lambda, 1-\lambda) \\ &= \min_{\lambda \geqslant 0}[(1-\lambda)^2 + 100(1-\lambda)^2]\end{aligned}$$

解得 $\lambda_0 = 1$。令 $\boldsymbol{x}^1 = \boldsymbol{x}^0 + \lambda_0 \boldsymbol{S}^0 = \begin{bmatrix} 1 \\ 1 \end{bmatrix} + \begin{bmatrix} -1 \\ -1 \end{bmatrix} = \begin{bmatrix} 0 \\ 0 \end{bmatrix}$，$k = 1$，转(2)。

(5) $\boldsymbol{g}^1 = \nabla f(\boldsymbol{x}^1) = \begin{bmatrix} 0 \\ 0 \end{bmatrix}$，令 $\boldsymbol{x}^* = \boldsymbol{x}^1 = \begin{bmatrix} 0 \\ 0 \end{bmatrix}$，停止。

性质：对二维正定二次函数 $f(\boldsymbol{x}) = \frac{1}{2}\boldsymbol{x}^{\mathrm{T}}\boldsymbol{A}\boldsymbol{x}$，$\boldsymbol{x} \in \mathbf{R}^2$，$\boldsymbol{A} = \boldsymbol{A}^{\mathrm{T}}$ 正定，用最速下降法产生的点列中 $\boldsymbol{x}^1$，$\boldsymbol{x}^3$，…，$\boldsymbol{x}^{2k+1}$，… 在一条直线上，且直线过最优点。

证明　设 $\boldsymbol{A}$ 的最大和最小特征值为 λ_n 和 λ_1，由参考文献[7]中定理 3-2-5 知

$$\|\boldsymbol{x}^k\| \leqslant \sqrt{\frac{\lambda_n}{\lambda_1}}\left(\frac{\lambda_n - \lambda_1}{\lambda_n + \lambda_1}\right)^k \|\boldsymbol{x}^0\|$$

由 $\left(\frac{\lambda_n - \lambda_1}{\lambda_n + \lambda_1}\right) < 1$ 可得 $\boldsymbol{x}^k \to 0$（对任意 $\boldsymbol{x} \in \mathbf{R}^n$），所以 $\boldsymbol{x}^k$ 收敛于 0(即最优点)。

又因为

$$\boldsymbol{p}_k^{\mathrm{T}}\boldsymbol{g}_{k+1} = -\boldsymbol{p}_k^{\mathrm{T}}\boldsymbol{p}_{k+1} = 0$$

所以

$$\boldsymbol{p}^1 \mathbin{/\!/} \boldsymbol{p}^3 \mathbin{/\!/} \boldsymbol{p}^5 \mathbin{/\!/} \cdots \mathbin{/\!/} \boldsymbol{p}^{2k+1}$$

因为 $\exists t$ 使 $\boldsymbol{p}^{2k+1}=t\boldsymbol{p}^1$（$t$ 与 $\boldsymbol{p}$ 有关），所以

$$\boldsymbol{A}\boldsymbol{x}^{2k+1} = t\boldsymbol{A}\boldsymbol{x}^1 \quad （因为 \boldsymbol{p}^k = -\nabla f(\boldsymbol{x}^k) = -\boldsymbol{A}\boldsymbol{x}^k）$$

$$\boldsymbol{x}^{2k+1} = t\boldsymbol{x}^1$$

所以有 $\{\boldsymbol{x}^{2k+1}\}$ 在从坐标原点到 $\boldsymbol{x}^1$ 的直线上，类似也可以证明 $\{\boldsymbol{x}^{2k}\}$ 在从坐标原点到 $\boldsymbol{x}^0$ 的直线上，坐标原点为最优点。

4.2.3　共轭梯度法

引理 4.2　设 $f(\boldsymbol{x})=\dfrac{1}{2}\boldsymbol{x}^{\mathrm{T}}\boldsymbol{A}\boldsymbol{x}+\boldsymbol{b}^{\mathrm{T}}\boldsymbol{x}+c$，$\boldsymbol{A}=\boldsymbol{A}^{\mathrm{T}}$ 正交，给定方向 $\boldsymbol{p}^1$，在与 $\boldsymbol{p}^1$ 平行的两条直线上，$f(\boldsymbol{x})$ 的最小值分别为 $\boldsymbol{x}^1$ 与 $\boldsymbol{x}^2$，则 $(\boldsymbol{p}^2)^{\mathrm{T}}\boldsymbol{A}\boldsymbol{p}^1=0$，其中 $\boldsymbol{p}^2=\boldsymbol{x}^2-\boldsymbol{x}^1$。

证明　因为

$$g_1 = \nabla f(\boldsymbol{x}^1) = \boldsymbol{A}\boldsymbol{x}^1 + \boldsymbol{b}$$

$$g_2 = \nabla f(\boldsymbol{x}^2) = \boldsymbol{A}\boldsymbol{x}^2 + \boldsymbol{b}$$

则有

$$g_2 - g_1 = \boldsymbol{A}(\boldsymbol{x}^2 - \boldsymbol{x}^1) = \boldsymbol{A}\boldsymbol{p}^2$$

由于 $\boldsymbol{x}^1$、$\boldsymbol{x}^2$ 为 $f(\boldsymbol{x})$ 在与 $\boldsymbol{p}^1$ 平行的两条直线上的最小值点，由一维搜索性质知

$$\nabla f(\boldsymbol{x}^1)^{\mathrm{T}}\boldsymbol{p}^1 = 0, \qquad \nabla f(\boldsymbol{x}^2)\boldsymbol{p}^1 = 0$$

两式相减得

$$(g_2 - g_1)^{\mathrm{T}}\boldsymbol{p}^1 = 0 \quad 即 \quad (\boldsymbol{p}^2)^{\mathrm{T}}\boldsymbol{A}\boldsymbol{p}^1 = 0$$

定义 4.2（共轭方向）　设 $\boldsymbol{A}=\boldsymbol{A}^{\mathrm{T}}\in\mathbf{R}^{n\times n}$，若

① $(\boldsymbol{p}^2)^{\mathrm{T}}\boldsymbol{A}\boldsymbol{p}^1=0$，则称 $\boldsymbol{p}^1$ 与 $\boldsymbol{p}^2$ 关于 $\boldsymbol{A}$ 是共轭的；

② 若 $\boldsymbol{p}^1, \boldsymbol{p}^2, \cdots, \boldsymbol{p}^m\in\mathbf{R}^n$ 满足 $(\boldsymbol{p}^j)^{\mathrm{T}}\boldsymbol{A}\boldsymbol{p}^i=0\ (\forall i\neq j)$，则称 $\boldsymbol{p}^1, \boldsymbol{p}^2, \cdots, \boldsymbol{p}^m$ 关于 $\boldsymbol{A}$ 是共轭的。

在共轭方向法中，α_k 不管由步骤 6 或步骤 6 下面 4 个公式中的哪一个计算，都是等价的。但是当 $f(\boldsymbol{x})$ 不为二次函数，是一般函数时，α_k 由不同公式计算出的值往往不等价，从而带入搜索方向公式 $\boldsymbol{p}_k=-\boldsymbol{g}_k+\alpha_k\boldsymbol{p}_{k-1}$ 便会得到不同共轭方向法。由于这些公式在求 α_k 时

使用了梯度，故称为共轭梯度法，这类方法通常被用于一般的函数。

算法 4.8 F-R 共轭梯度法。

步骤 1 取 $\boldsymbol{x}^1 = \mathbf{R}^n$，令 $k=1$。

步骤 2 若 $\boldsymbol{g}_k = 0$，令 $\boldsymbol{x}^* = \boldsymbol{x}^k$，停止；否则，令 $\boldsymbol{p}_k = -\boldsymbol{g}_k$，转步骤 3。

步骤 3 $\min\limits_{\lambda \geqslant 0} f(\boldsymbol{x}^k + \lambda \boldsymbol{p}_k) = f(\boldsymbol{x}^k + \lambda_k \boldsymbol{p}_k)$，令 $\boldsymbol{x}^{k+1} = \boldsymbol{x}^k + \lambda_k \boldsymbol{p}_k$。

步骤 4 若 $\boldsymbol{g}_{k+1} = 0$，令 $\boldsymbol{x}^* = \boldsymbol{x}^{k+1}$，停止；否则，转步骤 5。

步骤 5 若 $k=n$，则令 $\boldsymbol{x}^0 = \boldsymbol{x}^{n+1}$，$k=0$，$\boldsymbol{p}_0 = -\boldsymbol{g}_0$，转步骤 3；否则，转步骤 6。

步骤 6 令 $\alpha_k = \dfrac{\boldsymbol{g}_{k+1}^{\mathrm{T}} \boldsymbol{g}_{k+1}}{\boldsymbol{g}_k^{\mathrm{T}} \boldsymbol{g}_k}$，$\boldsymbol{p}_{k+1} = -\boldsymbol{g}_{k+1} + \alpha_k \boldsymbol{p}_k$，$k = k+1$，转步骤 3。

α_k 的几种等价形式：

① $\alpha_k = \dfrac{\boldsymbol{g}_{k+1}^{\mathrm{T}}(\boldsymbol{g}_{k+1} - \boldsymbol{g}_k)}{\boldsymbol{p}_k^{\mathrm{T}}(\boldsymbol{g}_{k+1} - \boldsymbol{g}_k)}$ (Sorenson-Wolfe，1972)；

② $\alpha_k = -\dfrac{\boldsymbol{g}_{k+1}^{\mathrm{T}} \boldsymbol{g}_k}{\boldsymbol{g}_k^{\mathrm{T}} \boldsymbol{p}_k}$ (Myers，1972)；

③ $\alpha_k = \dfrac{\boldsymbol{g}_{k+1}^{\mathrm{T}} \boldsymbol{g}_{k+1}}{\boldsymbol{g}_k^{\mathrm{T}} \boldsymbol{g}_k}$ (Fletcher-Reeves，1964)；

④ $\alpha_k = \dfrac{\boldsymbol{g}_{k+1}^{\mathrm{T}}(\boldsymbol{g}_{k+1} - \boldsymbol{g}_k)}{\boldsymbol{g}_k^{\mathrm{T}} \boldsymbol{g}_k}$ (Polyor-Ribiere-Polak，1969)。

【注】 实验表明 $\alpha_k = \dfrac{\boldsymbol{g}_{k+1}^{\mathrm{T}}(\boldsymbol{g}_{k+1} - \boldsymbol{g}_k)}{\boldsymbol{g}_k^{\mathrm{T}} \boldsymbol{g}_k}$ 时，比取 $\alpha_k = \dfrac{\boldsymbol{g}_{k+1}^{\mathrm{T}} \boldsymbol{g}_{k+1}}{\boldsymbol{g}_k^{\mathrm{T}} \boldsymbol{g}_k}$ 效果更好。

4.2.4 拟牛顿法[1]

牛顿法的搜索方向为 $\boldsymbol{p}^k = -[\nabla^2 f(\boldsymbol{x}^k)^{-1}]\boldsymbol{g}_k$，收敛速度快，但是，实际问题中的目标函数往往相当复杂，计算二阶导数 $\nabla^2 f(\boldsymbol{x}^k)$ 的工作量或者太大，或者根本不可能。况且，在 $\boldsymbol{x}$ 维数较高时，计算逆矩阵也相当复杂。为了不计算二阶导数矩阵及其逆矩阵，我们设法构造矩阵 $\boldsymbol{H}_k$ 近似 $\nabla^2 f(\boldsymbol{x}_k)^{-1}$，称为拟牛顿法。

拟牛顿法的思想是，保留牛顿法收敛快的优点，克服其对函数要求高、计算量大的缺点。具体思想如下：

(1) 只计算一阶偏导数；

(2) 利用一阶偏导构造一个矩阵 $\boldsymbol{H}_k$ 近似 $\nabla^2 f(\boldsymbol{x}_k)^{-1}$；

(3) 定义搜索方向 $\boldsymbol{p}_k=-\boldsymbol{H}_k\boldsymbol{g}_k$（对牛顿方向近似）。

关键问题：如何构造矩阵 $\boldsymbol{H}_k$ 近似 $\nabla^2 f(\boldsymbol{x}_k)^{-1}$？

思路：$\boldsymbol{H}_k$ 应该和 $\nabla^2 f(\boldsymbol{x}_k)^{-1}$ 具有类似的性质，考察 $\nabla^2 f(\boldsymbol{x}_k)^{-1}$ 满足哪些性质。由 Taylor公式知

$$\boldsymbol{g}_{k+1}-\boldsymbol{g}_k\approx\nabla^2 f(\boldsymbol{x}^{k+1})(\boldsymbol{x}^{k+1}-\boldsymbol{x}^k) \tag{4-11}$$

记 $\Delta\boldsymbol{x}^k=\boldsymbol{x}^{k+1}-\boldsymbol{x}^k$，$\Delta\boldsymbol{g}_k=\boldsymbol{g}_{k+1}-\boldsymbol{g}_k$，则 $\nabla^2 f(\boldsymbol{x}^{k+1})^{-1}$ 应该近似满足

$$\Delta\boldsymbol{x}^k=\nabla^2 f(\boldsymbol{x}^{k+1})^{-1}\Delta\boldsymbol{g}_k \tag{4-12}$$

故要求 $\boldsymbol{H}_{k+1}$ 满足

$$\Delta\boldsymbol{x}^k=\boldsymbol{H}_{k+1}\Delta\boldsymbol{g}_k \tag{4-13}$$

此式称为拟牛顿方程。

令

$$\boldsymbol{p}_{k+1}=-\boldsymbol{H}_{k+1}\boldsymbol{g}_{k+1} \tag{4-14}$$

(1) 为使 $\boldsymbol{p}_{k+1}$ 为下降方向，须使 $\boldsymbol{H}_{k+1}$ 为正定阵。

(2) 同时，为使求 $\boldsymbol{H}_{k+1}$ 简单，希望求 $\boldsymbol{H}_{k+1}$ 时，只需对 $\boldsymbol{H}_k$ 进行简单的修正便可得到，即令

$$\boldsymbol{H}_{k+1}=\boldsymbol{H}_k+\Delta\boldsymbol{H}_k \tag{4-15}$$

这时 $\Delta\boldsymbol{H}_k$ 应该尽量简单。

1. 秩为1的对称拟牛顿法

当 $n>1$ 时，式(4-13)不足以确定唯一 $\boldsymbol{H}_{k+1}$（n^2 个变量只有 n 个方程），还需加上其他条件。一个自然的想法是修正矩阵

$$\Delta\boldsymbol{H}_k=\boldsymbol{H}_{k+1}-\boldsymbol{H}_k$$

使其越简单越好，而简单性又可以从不同角度来衡量。下面用 $\Delta\boldsymbol{H}_k$ 的秩越小越好来衡量。

当 $R(\Delta\boldsymbol{H}_k)=R(\boldsymbol{H}_{k+1}-\boldsymbol{H}_k)=1$，且 $\Delta\boldsymbol{H}_k^{\mathrm{T}}=\Delta\boldsymbol{H}_k$ 时，由于 $R(\Delta\boldsymbol{H}_k)=1$ 且 $\Delta\boldsymbol{H}_k$ 对称，所以 $\Delta\boldsymbol{H}_k$ 相似于一个秩为1的对角阵，即存在正交阵 $\boldsymbol{P}$ 使

$$\Delta\boldsymbol{H}_k=\boldsymbol{P}\begin{bmatrix}\alpha & & & \\ & 0 & & \\ & & \cdots & \\ & & & 0\end{bmatrix}\boldsymbol{P}^{\mathrm{T}} \tag{4-16}$$

设 $\boldsymbol{P}=[\boldsymbol{u}, *, \cdots, *]$，即 $\boldsymbol{u}$ 为 $\boldsymbol{P}$ 的第 1 列。($\alpha \neq 0$)则式(4-16)可以写成

$$\Delta \boldsymbol{H}_k=[\boldsymbol{u}, *, \cdots, *]\begin{bmatrix}\alpha & & & \\ & 0 & & \\ & & \cdots & \\ & & & 0\end{bmatrix}\begin{bmatrix}\boldsymbol{u}^{\mathrm{T}} \\ *^{\mathrm{T}} \\ \vdots \\ *^{\mathrm{T}}\end{bmatrix}$$

$$=[\alpha \boldsymbol{u}, 0, \cdots, 0]\begin{bmatrix}\boldsymbol{u}^{\mathrm{T}} \\ *^{\mathrm{T}} \\ \vdots \\ *^{\mathrm{T}}\end{bmatrix}$$

$$=\alpha \boldsymbol{u}\boldsymbol{u}^{\mathrm{T}}+0+\cdots+0=\alpha \boldsymbol{u}\boldsymbol{u}^{\mathrm{T}}$$

即

$$\boldsymbol{H}_{k+1}-\boldsymbol{H}_k=\Delta \boldsymbol{H}_k=\alpha \boldsymbol{u}\boldsymbol{u}^{\mathrm{T}}$$

可得

$$\boldsymbol{H}_{k+1}=\boldsymbol{H}_k+\alpha \boldsymbol{u}\boldsymbol{u}^{\mathrm{T}} \tag{4-17}$$

代入式(4-12)得

$$\Delta \boldsymbol{x}_k=(\boldsymbol{H}_k+\alpha \boldsymbol{u}\boldsymbol{u}^{\mathrm{T}})\Delta \boldsymbol{g}_k \tag{4-18}$$

$$\Delta \boldsymbol{x}_k-\boldsymbol{H}_k\Delta \boldsymbol{g}_k=\alpha(\boldsymbol{u}^{\mathrm{T}}\Delta \boldsymbol{g}_k)\boldsymbol{u} \tag{4-19}$$

所以 $\boldsymbol{u}$ 与 $\Delta \boldsymbol{x}_k-\boldsymbol{H}_k\Delta \boldsymbol{g}_k$ 平行。

令 $\boldsymbol{u}=\beta_k(\Delta \boldsymbol{x}_k-\boldsymbol{H}_k\Delta \boldsymbol{g}_k)$，其中 $\beta_k=\dfrac{1}{\alpha \boldsymbol{u}^{\mathrm{T}}\Delta \boldsymbol{g}_k}$，有

$$\alpha \boldsymbol{u}\boldsymbol{u}^{\mathrm{T}}=\alpha\beta_k^2(\Delta \boldsymbol{x}_k-\boldsymbol{H}_k\Delta \boldsymbol{g}_k)(\Delta \boldsymbol{x}_k-\boldsymbol{H}_k\Delta \boldsymbol{g}_k)^{\mathrm{T}}$$

$$\Rightarrow\begin{cases}\alpha \boldsymbol{u}\boldsymbol{u}^{\mathrm{T}}\Delta \boldsymbol{g}_k=\alpha\beta_k^2(\Delta \boldsymbol{x}_k-\boldsymbol{H}_k\Delta \boldsymbol{g}_k)(\Delta \boldsymbol{x}_k-\boldsymbol{H}_k\Delta \boldsymbol{g}_k)^{\mathrm{T}}\Delta \boldsymbol{g}_k \\ \alpha \boldsymbol{u}\boldsymbol{u}^{\mathrm{T}}\Delta \boldsymbol{g}_k=(\boldsymbol{H}_{k+1}-\boldsymbol{H}_k)\Delta \boldsymbol{g}_k=\Delta \boldsymbol{x}_k-\boldsymbol{H}_k\Delta \boldsymbol{g}_k\end{cases} \tag{4-20}$$

比较式(4-20)右端可得

$$\alpha\beta_k^2(\Delta \boldsymbol{x}_k-\boldsymbol{H}_k\Delta \boldsymbol{g}_k)^{\mathrm{T}}\Delta \boldsymbol{g}_k=1$$

$$\alpha\beta_k^2=\frac{1}{(\Delta \boldsymbol{x}_k-\boldsymbol{H}_k\Delta \boldsymbol{g}_k)^{\mathrm{T}}\Delta \boldsymbol{g}_k} \tag{4-21}$$

代入式(4-18)，再代入式(4-15)得

$$\boldsymbol{H}_{k+1}=\boldsymbol{H}_k+\frac{(\Delta \boldsymbol{x}_k-\boldsymbol{H}_k\Delta \boldsymbol{g}_k)(\Delta \boldsymbol{x}_k-\boldsymbol{H}_k\Delta \boldsymbol{g}_k)^{\mathrm{T}}}{(\Delta \boldsymbol{x}_k-\boldsymbol{H}_k\Delta \boldsymbol{g}_k)^{\mathrm{T}}\Delta \boldsymbol{g}_k} \tag{4-22}$$

此步称为秩为 1 的对称公式。

一般地，取 $\boldsymbol{H}_1=\boldsymbol{I}$，$\boldsymbol{P}_k=-\boldsymbol{H}_k\boldsymbol{g}_k$，由式(4-22)得到搜索方向的算法称为秩为 1 的对称拟牛顿法。

优缺点：

① 用于二次凸函数时，不需要做一维搜索，即在 $\boldsymbol{x}^{k+1}=\boldsymbol{x}^k+\lambda_k\boldsymbol{P}_k$ 中，λ_k 任取 $(k=1, 2, \cdots, n-1)$，第 n 次取 $\lambda_n=1$，则 $\boldsymbol{P}_1$，$\boldsymbol{P}_2$，…，$\boldsymbol{P}_n$ 线性无关，且至多需要 n 步后可求出最优点。

② 即使 $\boldsymbol{H}_k$ 正定，也不能得证 $\boldsymbol{H}_{k+1}$ 正定。

③ $(\Delta\boldsymbol{x}_k-\boldsymbol{H}_k\Delta\boldsymbol{g}_k)^{\mathrm{T}}\Delta\boldsymbol{g}_k$ 可能为 0，此时无法产生 $\boldsymbol{H}_{k+1}$。

2. DFP 拟牛顿法

当 $\Delta\boldsymbol{H}_k^{\mathrm{T}}=\Delta\boldsymbol{H}_k$，$R(\Delta\boldsymbol{H}_k)=2$ 为秩 2 对称时存在正交矩阵 $\boldsymbol{Q}$ 使

$$\Delta\boldsymbol{H}_k=\boldsymbol{Q}\begin{bmatrix}\alpha & & & & \\ & \beta & & & \\ & & 0 & & \\ & & & \cdots & \\ & & & & 0\end{bmatrix}\boldsymbol{Q}^{\mathrm{T}}$$

令 $\boldsymbol{u}$、$\boldsymbol{v}$ 分别为 $\boldsymbol{Q}$ 的第一、二列，即 $\boldsymbol{Q}=[\boldsymbol{u}, \boldsymbol{v}, *, \cdots, *]$，则有

$$\boldsymbol{H}_{k+1}-\boldsymbol{H}_k=\alpha\boldsymbol{u}\boldsymbol{u}^{\mathrm{T}}+\beta\boldsymbol{v}\boldsymbol{v}^{\mathrm{T}}$$

$$\boldsymbol{H}_{k+1}=\boldsymbol{H}_k+\alpha\boldsymbol{u}\boldsymbol{u}^{\mathrm{T}}+\beta\boldsymbol{v}\boldsymbol{v}^{\mathrm{T}}$$

$\boldsymbol{H}_{k+1}$ 满足拟牛顿方程，代入得

$$\Delta\boldsymbol{x}_k=\boldsymbol{H}_k\Delta\boldsymbol{g}_k+\alpha\boldsymbol{u}\boldsymbol{u}^{\mathrm{T}}\Delta\boldsymbol{g}_k+\beta\boldsymbol{v}\boldsymbol{v}^{\mathrm{T}}\Delta\boldsymbol{g}_k \tag{4-23}$$

要使上式成立，α、β、$\boldsymbol{u}$、$\boldsymbol{v}$ 一种简单取法为

$$\begin{cases}\boldsymbol{u}=\boldsymbol{H}_k\Delta\boldsymbol{g}_k \\ \alpha=-\dfrac{1}{\Delta\boldsymbol{g}_k^{\mathrm{T}}\boldsymbol{H}_k\Delta\boldsymbol{g}_k}=-\dfrac{1}{\boldsymbol{u}^{\mathrm{T}}\Delta\boldsymbol{g}_k}\end{cases},\quad\begin{cases}\boldsymbol{v}=\Delta\boldsymbol{x}_k \\ \beta=\dfrac{1}{\boldsymbol{v}^{\mathrm{T}}\Delta\boldsymbol{g}_k}=\dfrac{1}{\Delta\boldsymbol{x}_k^{\mathrm{T}}\Delta\boldsymbol{g}_k}\end{cases}$$

于是可得 DFP(Davidon, Fletcher, Powell)公式：

$$\boldsymbol{H}_{k+1}=\boldsymbol{H}_k-\frac{\boldsymbol{H}_k\Delta\boldsymbol{g}_k\Delta\boldsymbol{g}_k^{\mathrm{T}}\boldsymbol{H}_k}{\Delta\boldsymbol{g}_k^{\mathrm{T}}\boldsymbol{H}_k\Delta\boldsymbol{g}_k}+\frac{\Delta\boldsymbol{x}_k\Delta\boldsymbol{x}_k^{\mathrm{T}}}{\Delta\boldsymbol{x}_k^{\mathrm{T}}\Delta\boldsymbol{g}_k}$$

算法 4.9　DFP 拟牛顿法。

步骤 1　取 $\boldsymbol{x}^1 \in \mathbf{R}^n$，$\boldsymbol{H}_k = \boldsymbol{I}_1$，$k = 1$。

步骤 2　若 $\boldsymbol{g}_1 = 0$，令 $\boldsymbol{x}^* = \boldsymbol{x}^k$，停止；否则，转步骤 3。

步骤 3　令 $\boldsymbol{P}_k = -\boldsymbol{H}_k \boldsymbol{g}_k$。

步骤 4　求 $\min\limits_{\lambda \geqslant 0} f(\boldsymbol{x}^k + \lambda \boldsymbol{P}_k) = f(\boldsymbol{x}^k + \lambda_k \boldsymbol{P}_k)$，令 $\boldsymbol{x}^{k+1} = \boldsymbol{x}^k + \lambda_k \boldsymbol{P}_k$。

步骤 5　若 $\boldsymbol{g}_{k+1} = 0$，令 $\boldsymbol{x}^* = \boldsymbol{x}^{k+1}$，停止；否则，转步骤 6。

步骤 6　令 $\Delta \boldsymbol{x}_k = \boldsymbol{x}^{k+1} - \boldsymbol{x}^k$，$\Delta \boldsymbol{g}_k = \boldsymbol{g}_{k+1} - \boldsymbol{g}_k$，$r_k = \boldsymbol{H}_k \Delta \boldsymbol{g}_k$，$\boldsymbol{H}_{k+1} = \boldsymbol{H}_k - \dfrac{\boldsymbol{H}_k \Delta \boldsymbol{g}_k \Delta \boldsymbol{g}_k^{\mathrm{T}} \boldsymbol{H}_k}{\Delta \boldsymbol{g}_k^{\mathrm{T}} \boldsymbol{H}_k \Delta \boldsymbol{g}_k} + \dfrac{\Delta \boldsymbol{x}_k \Delta \boldsymbol{x}_k^{\mathrm{T}}}{\Delta \boldsymbol{x}_k^{\mathrm{T}} \Delta \boldsymbol{g}_k}$，$k = k + 1$，转步骤 3。

定理 4.2　DFP 公式产生的 $\boldsymbol{H}_{k+1}$ 满足拟牛顿方程。

证明　代入易验证，略。

引理 4.3（Cauchy-Schwarz 不等式）　对 $\forall \boldsymbol{x}, \boldsymbol{y} \in \mathbf{R}^n$，有 $(\boldsymbol{x}^{\mathrm{T}} \boldsymbol{y})^2 \leqslant (\boldsymbol{x}^{\mathrm{T}} \boldsymbol{x})(\boldsymbol{y}^{\mathrm{T}} \boldsymbol{y})$，当且仅当 $\boldsymbol{x}$ 与 $\boldsymbol{y}$ 线性相关时等号成立。

证明　已知 $\forall \boldsymbol{x}, \boldsymbol{y} \in \mathbf{R}^n$，

(1) $\boldsymbol{x}$ 与 $\boldsymbol{y}$ 至少一个为 0 时，显然成立。

(2) 当 $\boldsymbol{x} \neq 0$，$\boldsymbol{y} \neq 0$ 时，$\forall \alpha, \beta \in \mathbf{R}$，$\alpha$，$\beta$ 不全为 0，则有

$$(\alpha \boldsymbol{x} + \beta \boldsymbol{y})^{\mathrm{T}} (\alpha \boldsymbol{x} + \beta \boldsymbol{y}) \geqslant 0$$

即 $\alpha^2 (\boldsymbol{x}, \boldsymbol{x}) + 2\alpha\beta (\boldsymbol{x}, \boldsymbol{y}) + \beta^2 (\boldsymbol{y}, \boldsymbol{y}) \geqslant 0$ 对 $\forall \alpha, \beta$ 成立。

不妨设 $\alpha \neq 0$，令 $a = \dfrac{\beta}{\alpha}$，则 a 为任意实数，且有

$$f(a) \triangleq a^2 \boldsymbol{y}^{\mathrm{T}} \boldsymbol{y} + 2a \boldsymbol{x}^{\mathrm{T}} \boldsymbol{y} + \boldsymbol{x}^{\mathrm{T}} \boldsymbol{x} \geqslant 0$$

上式右端为 a 的二次三项式，且对 $\forall \boldsymbol{\alpha} \in \mathbf{R}$ 都非负，故其判别式 $\Delta \leqslant 0$，且 $\exists a$ 使二次三项式值为 0 的充分必要条件是判别式 $\Delta = 0$，故 $\exists a$ 使二次三项式 $f(a) = 0$ 有根（等价于唯一根）$\Leftrightarrow \Delta = 0$，故有

$$\Delta = b^2 - 4ac = 4\,(\boldsymbol{x}, \boldsymbol{y})^2 - 4(\boldsymbol{x}, \boldsymbol{x})(\boldsymbol{y}, \boldsymbol{y}) \leqslant 0$$

即

$$(\boldsymbol{x}^{\mathrm{T}} \boldsymbol{y})^2 - (\boldsymbol{x}^{\mathrm{T}} \boldsymbol{x})(\boldsymbol{y}^{\mathrm{T}} \boldsymbol{y}) \leqslant 0$$

而 $f(a) = 0$ 有解 $\Leftrightarrow \exists \alpha, \beta$ 不全为 0，使

$$(\alpha \boldsymbol{x} + \beta \boldsymbol{y})^{\mathrm{T}} (\alpha \boldsymbol{x} + \beta \boldsymbol{y}) = 0 \Leftrightarrow \alpha \boldsymbol{x} + \beta \boldsymbol{y} = 0$$

由此推出 $\boldsymbol{x}$ 与 $\boldsymbol{y}$ 线性无关。

引理 4.4（广义 Cauchy-Schwarz 不等式）　设 $\boldsymbol{A}=\boldsymbol{A}^{\mathrm{T}}$ 正交，$\forall\, \boldsymbol{x},\ \boldsymbol{y}\in \mathbf{R}^{n}$，有 $(\boldsymbol{x}^{\mathrm{T}}\boldsymbol{A}\boldsymbol{y})^{2}\leqslant(\boldsymbol{x}^{\mathrm{T}}\boldsymbol{A}\boldsymbol{x})(\boldsymbol{y}^{\mathrm{T}}\boldsymbol{A}\boldsymbol{y})$，等号成立当且仅当 $\boldsymbol{x}$ 与 $\boldsymbol{y}$ 线性相关。

证明　由于 $\boldsymbol{A}=\boldsymbol{A}^{\mathrm{T}}$ 正定，因此 $\exists$ 可逆矩阵 $\boldsymbol{B}\in\mathbf{R}^{n\times n}$，使

$$\boldsymbol{A}=\boldsymbol{B}^{\mathrm{T}}\boldsymbol{B}$$

令 $\boldsymbol{v}=\boldsymbol{B}\boldsymbol{y}$，$\boldsymbol{u}=\boldsymbol{B}\boldsymbol{x}$，则对 $\boldsymbol{u}$，$\boldsymbol{v}$ 用 Cauchy-Schwarz 不等式得

$$(\boldsymbol{u}^{\mathrm{T}}\boldsymbol{v})^{2}\leqslant(\boldsymbol{u}^{\mathrm{T}}\boldsymbol{u})(\boldsymbol{v}^{\mathrm{T}}\boldsymbol{v})$$

即

$$(\boldsymbol{x}^{\mathrm{T}}\boldsymbol{B}^{\mathrm{T}}\boldsymbol{B}\boldsymbol{y})^{2}\leqslant(\boldsymbol{x}^{\mathrm{T}}\boldsymbol{B}^{\mathrm{T}}\boldsymbol{B}\boldsymbol{x})(\boldsymbol{y}^{\mathrm{T}}\boldsymbol{B}^{\mathrm{T}}\boldsymbol{B}\boldsymbol{y})$$

等式成立当且仅当 $\boldsymbol{u}$ 与 $\boldsymbol{v}$ 线性相关 $\Leftrightarrow$ $\boldsymbol{B}\boldsymbol{x}$ 与 $\boldsymbol{B}\boldsymbol{y}$ 线性相关 $\Leftrightarrow$ $\boldsymbol{x}$ 与 $\boldsymbol{y}$ 线性相关。

定理 4.3　当 $\boldsymbol{H}_1^{\mathrm{T}}=\boldsymbol{H}_1$ 正定，由 DFP 算法产生 $\boldsymbol{H}_{k+1}$ 对称正定（$k=1，2，\cdots$）。

证明　用归纳法。

当 $k=1$ 时，$\boldsymbol{H}_1$ 对称正定，则对 $\boldsymbol{H}_{k+1}$，$\forall\,\boldsymbol{x}\in\mathbf{R}^{n}$，$\boldsymbol{x}\neq 0$，都有

$$\begin{aligned}\boldsymbol{x}^{\mathrm{T}}\boldsymbol{H}_{k+1}\boldsymbol{x}&=\boldsymbol{x}^{\mathrm{T}}\boldsymbol{H}_k\boldsymbol{x}+\frac{(\boldsymbol{x}^{\mathrm{T}}\Delta\boldsymbol{x}_k)^2}{\Delta\boldsymbol{x}_k^{\mathrm{T}}\Delta\boldsymbol{g}_k}-\frac{(\boldsymbol{x}^{\mathrm{T}}\boldsymbol{H}_k\Delta\boldsymbol{g}_k)^2}{\Delta\boldsymbol{g}_k^{\mathrm{T}}\boldsymbol{H}_k\Delta\boldsymbol{g}_k}\\&=\frac{(\boldsymbol{x}^{\mathrm{T}}\Delta\boldsymbol{x}_k)(\Delta\boldsymbol{g}_k^{\mathrm{T}}\boldsymbol{H}_k\Delta\boldsymbol{g}_k)-(\boldsymbol{x}^{\mathrm{T}}\boldsymbol{H}_k\Delta\boldsymbol{g}_k)^2}{\Delta\boldsymbol{g}_k^{\mathrm{T}}\boldsymbol{H}_k\Delta\boldsymbol{g}_k}+\frac{(\boldsymbol{x}^{\mathrm{T}}\Delta\boldsymbol{x}_k)^2}{\Delta\boldsymbol{x}^{\mathrm{T}}\Delta\boldsymbol{g}_k}\end{aligned}\tag{4-24}$$

$$\begin{aligned}\Delta\boldsymbol{x}^{\mathrm{T}}\Delta\boldsymbol{g}_k&=(\lambda_k\boldsymbol{p}_k)^{\mathrm{T}}(\boldsymbol{g}_{k+1}-\boldsymbol{g}_k)\\&=\lambda_k[\boldsymbol{g}_{k+1}^{\mathrm{T}}\boldsymbol{p}_k-\boldsymbol{g}_k^{\mathrm{T}}\boldsymbol{p}_k]\\&=-\lambda_k\boldsymbol{g}_k^{\mathrm{T}}\boldsymbol{p}_k=\lambda_k\boldsymbol{g}_k^{\mathrm{T}}\boldsymbol{H}_k\boldsymbol{g}_k>0\end{aligned}\tag{4-25}$$

（因为 $\boldsymbol{p}_k=-\boldsymbol{H}_k\boldsymbol{g}_k$，$\boldsymbol{g}_{k+1}^{\mathrm{T}}\boldsymbol{p}_k=0$。）

由引理 4.4（广义 Cauchy-Schwarz 不等式)知

$$(\boldsymbol{x}^{\mathrm{T}}\boldsymbol{H}_k\boldsymbol{x})(\boldsymbol{g}_k^{\mathrm{T}}\boldsymbol{H}_k\Delta\boldsymbol{g}_k)-(\boldsymbol{x}^{\mathrm{T}}\boldsymbol{H}_k\Delta\boldsymbol{g}_k)^2\geqslant 0\tag{4-26}$$

又由 $\Delta\boldsymbol{x}_k^{\mathrm{T}}\boldsymbol{g}_k>0$，$\Delta\boldsymbol{g}_k^{\mathrm{T}}\boldsymbol{H}_k\Delta\boldsymbol{g}_k>0$ 可得

$$\boldsymbol{x}^{\mathrm{T}}\boldsymbol{H}_{k+1}\boldsymbol{x}\geqslant 0$$

而式(4－26)等号成立的条件是：$\boldsymbol{x}$ 与 $\Delta\boldsymbol{g}_k$ 线性相关。

此时，可设 $\boldsymbol{x}=\alpha\Delta\boldsymbol{g}_k$（$\alpha\neq 0$，因为 $\boldsymbol{x}\neq 0$），由式(4－25) 得

$$\boldsymbol{x}^{\mathrm{T}}\Delta\boldsymbol{x}_k=\alpha\Delta\boldsymbol{x}_k^{\mathrm{T}}\Delta\boldsymbol{g}_k\neq 0$$

故有

$$(\boldsymbol{x}^{\mathrm{T}}\Delta\boldsymbol{x}_k)^2>0$$

由式(4－24)知

$$\boldsymbol{x}^{\mathrm{T}}\boldsymbol{H}_{k+1}\boldsymbol{x} > 0$$

故 $\boldsymbol{H}_{k+1}$ 正定。$\boldsymbol{H}_{k+1}$ 显然对称，证毕。

BFGS(Broyden-Fletcher-Goldfarb-Shanno)公式：

$$\boldsymbol{H}_{k+1} = \boldsymbol{H}_k - \frac{\boldsymbol{H}_k\Delta\boldsymbol{g}_k\Delta\boldsymbol{x}_k^{\mathrm{T}} + \Delta\boldsymbol{x}_k\Delta\boldsymbol{g}_k^{\mathrm{T}}\boldsymbol{H}_k}{\Delta\boldsymbol{x}_k^{\mathrm{T}}\Delta\boldsymbol{g}_k} + \left(1 + \frac{\Delta\boldsymbol{g}_k^{\mathrm{T}}\boldsymbol{H}_k\Delta\boldsymbol{g}_k}{\Delta\boldsymbol{x}_k^{\mathrm{T}}\Delta\boldsymbol{g}_k}\right)\frac{\Delta\boldsymbol{x}_k\Delta\boldsymbol{x}_k^{\mathrm{T}}}{\Delta\boldsymbol{x}_k^{\mathrm{T}}\Delta\boldsymbol{g}_k}$$

它是目前拟牛顿法中效果最好的一个公式。

4.3 求解带约束非线性规划问题的惩罚函数法[1]

4.3.1 外点法

考虑约束优化问题：

$$\begin{cases}\min f(\boldsymbol{x}) \\ \text{s.t. } g_i(\boldsymbol{x}) \geqslant 0 \qquad (i = 1, 2, \cdots, m)\end{cases}$$

其中 $f(\boldsymbol{x})$、$g_i(\boldsymbol{x})$ ($i = 1, 2, \cdots, m$)中至少有一个为非线性函数。

1. 基本思想

记可行域为 $FD = \{\boldsymbol{x} \mid g_i(\boldsymbol{x}) \geqslant 0, i = 1, 2, \cdots, m\}$，先构造一个新目标函数 $T(\boldsymbol{x})$，使

$$T(\boldsymbol{x}) = \begin{cases} f(\boldsymbol{x}), \text{当 } \boldsymbol{x} \in FD \qquad (\text{其中 } T(\boldsymbol{x}) > f(\boldsymbol{x})) \\ T(\boldsymbol{x}), \text{当 } \boldsymbol{x} \notin FD \end{cases} \tag{4-27}$$

即在 FD 内，$T(\boldsymbol{x}) = f(\boldsymbol{x})$，在 FD 外，抬高 $f(\boldsymbol{x})$，使 $T(\boldsymbol{x})$ 比 $f(\boldsymbol{x})$（在 FD 内）高，于是，原问题等价于 $\min\limits_{\boldsymbol{x}\in\mathbf{R}^n} T(\boldsymbol{x})$。

由于事先并不知道在 FD 之外抬高多少才合适，若抬得不够高，则 FD 外可能低于 FD 之内 $T(\boldsymbol{x})$ 的值，这样 $\min\limits_{\boldsymbol{x}\in\mathbf{R}^n} T(\boldsymbol{x})$ 求出的最优值在 FD 之外，不合要求；若抬得太高，有些 $T(\boldsymbol{x})$ 值太大可能导致计算溢出。故抬高是逐步进行的。先抬高一点，求 $\min\limits_{\boldsymbol{x}\in\mathbf{R}^n} T(\boldsymbol{x})$，若最优点在 FD 之外，说明抬得不够，应再抬高一些，再求 $\min\limits_{\boldsymbol{x}\in\mathbf{R}^n} T(\boldsymbol{x})$；否则，最优点 $\in FD$，则必为原问题的最优解。

2. $T(\boldsymbol{x})$ 构造方法

令

$$g_i^+(t) = [\min(0,\ g_i(\boldsymbol{x}))]^2 = \begin{cases} 0, & g_i(\boldsymbol{x}) \geqslant 0 \\ g_i^2(\boldsymbol{x}), & g_i(\boldsymbol{x}) < 0 \end{cases}$$

$$= \left[\frac{g_i(x) - |\ g_i(x)\ |}{2}\right]^2$$

则 $g_i^+(t)$ 满足：

(1) 连续；

(2) 当 $\boldsymbol{x} \in FD$ 时 $g_i^+(t) = 0$；

(3) 当 $\boldsymbol{x} \notin FD$ 时 $g_i^+(t) > 0$，

于是

$$\begin{cases} \min f(\boldsymbol{x}) \\ \text{s. t.}\ \ g_i(\boldsymbol{x}) \geqslant 0 \end{cases} \Leftrightarrow \begin{cases} \min f(\boldsymbol{x}) \\ \text{s. t.}\ \ g_i^+(\boldsymbol{x}) = 0 \end{cases} \quad (i = 1 \sim m)$$

令

$$T(\boldsymbol{x},\ M) = f(\boldsymbol{x}) + M\sum_{i=1}^{m} g_i^+(\boldsymbol{x}) = f(\boldsymbol{x}) + M\sum_{i=1}^{m}[\min(0,\ g_i(\boldsymbol{x}))]^2 \qquad (4-28)$$

称 $P(\boldsymbol{x}) = M\sum_{i=1}^{m}[\min(0,\ g_i(\boldsymbol{x}))]^2$ 为罚函数。于是原问题可化为 $\min\limits_{x\in \mathbf{R}^n} T(\boldsymbol{x},\ M)$。

定理 4.4　对某个 $M > 0$，若 $\boldsymbol{x}^*$ 是$\min\limits_{x\in \mathbf{R}^n} T(\boldsymbol{x},\ M)$ 的最优解，且 $\boldsymbol{x}^* \in FD$，则 $\boldsymbol{x}^*$ 为原问题的最优解。

证明　对 $\forall\, \boldsymbol{x} \in FD$，有 $f(\boldsymbol{x}) = T(\boldsymbol{x},\ M) \geqslant T(\boldsymbol{x}^*,\ M) = f(\boldsymbol{x}^*)$，所以 $\boldsymbol{x}$ 为原问题的最优解。

3. 外点法的步骤

步骤 1　取 $M_1 > 0$，令 $k = 1$。

步骤 2　解 $\min\limits_{x\in \mathbf{R}^n} T(\boldsymbol{x},\ M_k)$，得 $\boldsymbol{x}^k$。

步骤 3　若 $\boldsymbol{x}^* \notin FD$，则令 $M_{k+1} = 10M_k$，$k = k+1$，转步骤 2；否则，令 $\boldsymbol{x}^* = \boldsymbol{x}^k$。

例 4.4　用外点法解$\begin{cases} \min\ (\boldsymbol{x} - 1)^2 \\ \text{s. t.}\ \ \boldsymbol{x} - 2 \geqslant 0 \end{cases}$。

解　令

$$T(\boldsymbol{x},\ M) = (\boldsymbol{x} - 1)^2 + M[\min(0,\ \boldsymbol{x} - 2)]^2$$

考虑抬高不够的情形，即 $\boldsymbol{x} - 2 < 0$，则

$$T(\boldsymbol{x},\ M) = (\boldsymbol{x} - 1)^2 + M(\boldsymbol{x} - 2)^2$$

令 $T'(\boldsymbol{x}, M)=0$，得

$$\boldsymbol{x}-1+M(\boldsymbol{x}-2)=0$$

解得

$$\boldsymbol{x}=\frac{2M+1}{M+1}<2$$

令 $M\to\infty$，得

$$\boldsymbol{x}\to 2\triangleq\boldsymbol{x}^*$$

而 $\boldsymbol{x}^*\in FD$，故为最优解。

4.3.2　内点法

考虑问题(NP)：

$$\begin{cases}\min\ f(\boldsymbol{x})\\ \text{s.t.}\ g_i(\boldsymbol{x})\geqslant 0\quad (i=1,2,\cdots,m)\end{cases}$$

令 $FD^\circ=\{\boldsymbol{x}\mid g_i(\boldsymbol{x})>0,\ i=1,2,\cdots,m\}$。

1. 基本思想

(1) 构造一个函数 $I(\boldsymbol{x},\varepsilon)$ 来代替 $f(\boldsymbol{x})$，使在 FD° 内接近 FD 边界时，$I(\boldsymbol{x},\varepsilon)$ 值很大，相当于在边界筑起一个高墙。在 FD° 内远离 FD 边界时，$I(\boldsymbol{x},\varepsilon)$ 值尽可能接近 $f(\boldsymbol{x})$。

(2) 设想：从 FD° 内一个初始点 $\boldsymbol{x}^0$ 开始，求得极小点 $\boldsymbol{x}^1$，令 $k=1$；这时 $\boldsymbol{x}^1$ 应在 FD 内；再以 $\boldsymbol{x}^k$ 为初始点，求 $\boldsymbol{x}^{k+1}$，得极小解 $\boldsymbol{x}^{k+1}$；一直做下去，直到终点。

(3) 以 $\boldsymbol{x}^k$ 为初始点对 $I(\boldsymbol{x},\varepsilon)$ 优化时，当迭代点一直逼近 FD° 边界时，便会自动碰回去。(有些问题要求每个迭代点必须在可行域里。)

2. $I(\boldsymbol{x},\varepsilon)$ 构造方法

$$I(\boldsymbol{x},\varepsilon)=f(\boldsymbol{x})+\varepsilon B(\boldsymbol{x})$$

其中，

$$B(\boldsymbol{x})=\begin{cases}-\sum\limits_{i=1}^{m}l_n g_i(\boldsymbol{x})\\ \sum\limits_{i=1}^{m}\dfrac{1}{g_i(\boldsymbol{x})}\\ \sum\limits_{i=1}^{m}\dfrac{1}{g_i^2(\boldsymbol{x})}\end{cases}$$

称为障碍函数法。

3. 内点法的步骤

步骤 1　取 $\varepsilon_1 > 0$，令 $k = 1$。

步骤 2　求一个内点 $\boldsymbol{x}^0 \in FD^\circ$。

步骤 3　以 $\boldsymbol{x}^{k-1}$ 为初始点，求 $\min\limits_{x \in FD^\circ} I(\boldsymbol{x}, \varepsilon_k) = I(\boldsymbol{x}^k, \varepsilon_k)$，$\boldsymbol{x}^k \in FD^\circ$。

步骤 4　若停止条件成立，令 $\boldsymbol{x}^* = \boldsymbol{x}^k$，停止；否则，令 $\varepsilon_{k+1} = \dfrac{\varepsilon_k}{c}(c > 1)$，$k = k+1$，转步骤 3。

4. 终止条件

(1) $\| \boldsymbol{x}^k - \boldsymbol{x}^{k-1} \| < \delta$；

(2) $| f(\boldsymbol{x}^k) - f(\boldsymbol{x}^{k-1}) | < \delta$；

(3) $\dfrac{| f(\boldsymbol{x}^k) - f(\boldsymbol{x}^{k-1}) |}{f(\boldsymbol{x}^k)} < \delta$；

(4) $\varepsilon_k B(\boldsymbol{x}^k) < \delta$。

也可取(1) ～ (4)中的几个。

例 4.5　用内点法解

$$\begin{cases} \min \dfrac{1}{3}(x_1 + 1)^3 + x_2 \\ \text{s.t.}\ \ g_1(x) = x_1 - 1 \geqslant 0 \\ \qquad g_2(x) = x_2 \geqslant 0 \end{cases}$$

解　令

$$I(x, \varepsilon_k) = \frac{1}{3}(x_1 + 1)^3 + x_2 - \varepsilon_k[l_n(x_1 - 1) + l_n x_2]$$

$$\begin{cases} \dfrac{\partial I}{\partial x_1} = (x_1 + 1)^2 - \dfrac{\varepsilon_k}{x_1 - 1} = 0 \\ \dfrac{\partial I}{\partial x_2} = 1 - \dfrac{\varepsilon}{x_2} = 0 \end{cases}$$

即

$$\begin{cases} (x_1 + 1)^2(x_1 - 1) - \varepsilon_k = 0 \\ x_2 = \varepsilon_k \end{cases}$$

有两种解法：

(1) 直接解出 x_1、x_2，再令 $\varepsilon_k \to 0$，取属于 FD 的解。

(2) 令 $\varepsilon_k \to 0$，再解出 x_1、x_2。

令 $\varepsilon_k \to 0$，得

$$\begin{cases}(x_1+1)^2(x_1-1)=0\\ x_2=0\end{cases}$$

解得

$$\begin{cases}x_1=-1\\ x_2=0\end{cases} \quad 和 \quad \begin{cases}x_1=1\\ x_2=0\end{cases}$$

前一个解不满足约束，舍去，得到最优解 $\begin{cases}x_1=1\\ x_2=0\end{cases}$。

4.4 熵函数法[8-11]

4.4.1 解无约束优化问题的熵函数法[8]

考虑极小极大问题：

$$\min_{x\in \mathbf{R}^n}(\max_{1\leqslant i\leqslant m}\{f_i(\boldsymbol{x})\})$$

其中 $f_i(\boldsymbol{x})$：$\mathbf{R}^n \to \mathbf{R}$ 为二阶连续可微。若 $f_i(\boldsymbol{x})$ 为一阶连续可微，则 $F(\boldsymbol{x})=\max\limits_{1\leqslant i\leqslant m}\{f_i(\boldsymbol{x})\}$ 不能保证在每一点可微。但是 $F(\boldsymbol{x})=\max\limits_{1\leqslant i\leqslant m}\{f_i(\boldsymbol{x})\}$ 和上面极小极大问题有不同的近似方法，如

$$\begin{cases}令\ L(x,\lambda)=\sum\limits_{i=1}^{m}\lambda_i f_i(x)，则\ F(x)=\max\limits_{\lambda}(L(x,\lambda))\\ \min\limits_{x}(F(x))\Leftrightarrow \min\limits_{x}(\max\limits_{\lambda}(L(x,\lambda)))\\ 其中，\lambda_i\geqslant 0，\sum\lambda_i=1\end{cases} \tag{4-29}$$

就是其中一种近似方法。下面给出另一种近似方法。

定义 4.3(极大熵函数) $F_p(x)=\dfrac{1}{p}\ln\sum\limits_{i=1}^{m}\exp[pf_i(x)]$。

性质 1 对 $\forall x\in \mathbf{R}^n$，有 $\lim\limits_{p\to\infty}F_p(x)=F(x)$。

证明
$$\lim_{p\to\infty}F_p(x)=\lim_{p\to\infty}\frac{1}{p}\ln\sum_{i=1}^{m}\exp[p(f_i(x)-F(x)]$$
$$=\lim_{p\to\infty}\frac{1}{p}\ln\left\{\exp[pF(x))\sum_{i=1}^{m}\exp[p(f_i(x)-F(x))]\right\}$$
$$=\lim_{p\to\infty}\left\{F(x)+\frac{1}{p}\ln\sum_{i=1}^{m}\exp[p(f_i(x)-F(x))]\right\}$$

由 $1\leqslant\sum_{i=1}^{m}\exp[p(f_i(x)-F(x))]\leqslant m$，可得
$$\lim_{p\to\infty}F_p(x)=F(x)$$

性质 2　$F(x)\leqslant F_p(x)\leqslant F(x)+\frac{1}{p}\ln m$ 。

证明　由性质 1 的证明可知。

性质 3　对 $\forall\, p_1\geqslant p_2$，有 $F_{p_1}(x)\leqslant F_{p_2}(x)$。

证明
$$\frac{\partial}{\partial p}F_p(x)=-\frac{1}{p^2}\ln\sum_{i=1}^{m}\exp[pf_i(x)]+\frac{1}{p}\frac{\sum_{i=1}^{m}f_i(x)\exp[pf_i(x)]}{\sum_{i=1}^{m}\exp[pf_i(x)]}$$
$$=\frac{1}{p^2}\frac{\sum_{i=1}^{m}\left\{pf_i(x)\exp[pf_i(x)]-\left(\ln\sum_{i=1}^{m}\exp[pf_i(x)]\right)\exp[pf_i(x)]\right\}}{\sum_{i=1}^{m}\exp[pf_i(x)]}$$
$$=\frac{1}{p^2}\frac{\sum_{i=1}^{m}\exp[pf_i(x)]\left\{pf_i(x)-\left(\ln\sum_{i=1}^{m}\exp[pf_i(x)]\right)\right\}}{\sum_{i=1}^{m}\exp[pf_i(x)]}$$

由 $\ln\sum_{i=1}^{m}\exp[pf_i(x)]>\ln\exp[pf_i(x)]=pf_i(x)$ 可得
$$\frac{\partial}{\partial p}F_p(x)<0$$

由以上性质可知：$\min_{x\in\mathbf{R}^n}(\max_{1\leqslant i\leqslant m}\{f_i(x)\})$ 可近似转化为 $\min_{x\in\mathbf{R}^n}(F_p(x))$（$p>0$ 充分大）。

难度：如何选合适的 p 值，$p>0$ 太大时容易溢出，太小又难以达到 $F_p(x)$ 近似 $F(x)$ 的目的。

熵函数法的计算技巧：

$$\min_{x\in\mathbf{R}^n}(\max_{1\leqslant i\leqslant m}\{f_i(x)\}) = \min_{x\in\mathbf{R}^n}(F(x))\text{，其中 } F(x) = \max\{f_i(x)\}$$

令

$$F_p(x) = \frac{1}{p}\ln\sum_{i=1}^{m}\exp(pf_i(x))$$

$$F_{p_k}(x) = \frac{1}{p_k}\ln\sum_{i=1}^{m}\exp(p_kf_i(x))$$

当 $p_k > 0$ 很大时，计算 $F_{p_k}(x)$ 时易溢出。

为避免溢出，可对 $F_p(x)$ 作如下改进：

$$i \in I(x)$$

其中，$u_i > 0(i = 1, 2, \cdots, m)$。当 $pf_i(x)$ 很大时，可取 $u_i \to 0^+$ 来平衡 $u_i\exp(pf_i(x))$，使其不溢出。

设计算机的最大字长为 e^L，记

$$I(x) = \{i \mid f_i(x) = F(x)\}$$

$$\bar{I}(x) = \{i \mid f_i(x) < F(x), i = 1, 2, \cdots, m\} = \{1, 2, \cdots, m\}\backslash I(x)$$

$$E_p = \{i \in \bar{I}(x) \mid p(F(x) - f_i(x)) > L\}$$

$$\begin{aligned}
F_p(x, u) &= \frac{1}{p}\ln\Big\{\sum_{i\in I(x)} u_i\exp[pf_i(x)] + \sum_{j\in\bar{I}(x)} u_j\exp[pf_j(x)]\Big\} \\
&= \frac{1}{p}\ln\Big\{\exp[pF(x)]\sum_{i\in I(x)} u_i + \sum_{j\in\bar{I}(x)} u_j\exp[pf_j(x)]\Big\} \\
&= F(x) + \frac{1}{p}\ln\left\{\sum_{i\in I(x)} u_i + \sum_{j\in\bar{I}(x)} u_j\exp[p(f_j(x) - F(x))]\right\} \\
&= F(x) + \frac{1}{p}\ln\left\{\sum_{i\in I(x)} u_i + \sum_{j\in E_p(x)} u_j\exp[p(f_j(x) - F(x))] + \right. \\
&\qquad \left.\sum_{R\in\bar{I}(x)\backslash E_p(x)} u_R\exp[p(f_R(x) - F(x))]\right\}
\end{aligned}$$

当 $j \in E_p(x)$ 时，

$$\exp[p(f_j(x) - F(x))] < \frac{1}{e^L}$$

故可令其为 0，即令

$$\exp[p(f_j(x) - F(x))] < 0, \quad j \in E_p(x)$$

故可得

$$F_p(x,u)=F(x)+\frac{1}{p}\ln\left\{\sum_{i\in I(x)}u_i+\sum_{k\in \bar{I}(x)\setminus E_p(x)}u_k\exp[p(f_k(x)-F(x))]\right\}$$

算法 4.10　熵函数算法。

步骤 1　令 $p_0>0$ 充分大，取 x_0，$k=0$。

步骤 2　求 $\bar{I}(x_k)$、$I(x_k)$、$E_p(x_k)$。令 $u_j=0$，$j\in E_p(x_k)$，否则，$u_j=1$。

步骤 3　利用无约束优化法求解 x_{k+1}（以 x_k 为起始点）。

$$\min F_{p_k}(x,u)=F(x)+\frac{1}{p_k}\ln\left\{\sum_{i\in I(x_k)}u_i+\sum_{j\in \bar{I}(x_k)\setminus E_{p_k}(x_k)}u_j\exp[p_k(f_j(x)-F(x))]\right\}$$

注意：

$$\nabla_x F_p(x,u)=\sum_{i=1}^{m}u_i(x,u)\nabla f_i(x)$$

$$u_i(x,u)=\frac{u_i\exp(pf_i(x))}{\sum_{j=1}^{m}u_j\exp[pf_j(x)]}$$

当 $i\in I(x)$ 时，

$$u_i(x,u)=\frac{u_i}{\sum_{j\in I(x)}u_j+\sum_{j\in \bar{I}(x)}u_j\exp[p(f_j(x)-F(x))]}$$

$$\approx\frac{u_i}{\sum_{j\in I(x)}u_j+\sum_{j\in \bar{I}(x)\setminus E_p(x)}u_j\exp[p(f_j(x)-F(x))]}$$

当 $i\in \bar{I}(x)\setminus E_p(x)$ 时，

$$u_i(x,u)=\frac{u_i\exp[p(f_i(x)-F(x))]}{\sum_{j\in I(x)}u_j+\sum_{j\in \bar{I}(x)\setminus E_p(x)}u_j\exp[p(f_j(x)-F(x))]}$$

当 $i\in E_p(x)$ 时，令 $u_i(x,u)=0$。

步骤 4　令 $p_{k+1}=\alpha p_k$，$\alpha>1$，$k=k+1$，转步骤 3。

4.4.2　解约束优化问题的熵函数法[8-11]

考虑带约束的极小极大问题：

$$\begin{cases} \min\limits_{x}(\max\limits_{1\leqslant k\leqslant S} f_k(x)) \\ \text{s. t.}\ \ g_i(x)\leqslant 0 \qquad (i=1,\ 2,\ \cdots,\ m) \\ \qquad h_j(x)=0 \qquad (j=1,\ 2,\ \cdots,\ n) \end{cases} \tag{4-30}$$

记 $G(x)=\max\{g_i(x)(i=1,\ 2,\ \cdots,\ m),\ |h_j(x)|(j=1,\ 2,\ \cdots,\ n)\}$，问题(4-30)的可行域可表示为

$$\Omega=\{x\mid G(x)\leqslant 0\}$$

构造

$$\bar{G}(x,\ p)=\frac{1}{p}\ln\left\{\sum_{i=1}^{m}\exp(pg_i(x))+\sum_{j=1}^{n}[\exp(ph_j(x))+\exp(-ph_j(x))]\right\}$$

其中，$p>0$ 充分大，近似 $G(x)$。

由熵函数的性质可知：

$$G(x)\leqslant\bar{G}(x,\ p)\leqslant G(x)+\frac{\ln(m+2n)}{p}$$

令

$$\Omega_p=\left\{x\mid\bar{G}(x,\ p)\leqslant\frac{1}{p}\ln(m+2n)\right\}$$

则对 $\forall p>1$，有 $\Omega\subseteq\Omega_p$。

命题：当 $p\to+\infty$时，$\Omega=\Omega_p$。设 $x_p\in\Omega_p$，且 $\lim\limits_{p\to\infty}x_p=\bar{x}$，则 $\bar{x}\in\Omega$。

问题(4-30)中 $\max\limits_{1\leqslant k\leqslant S}f_k(x)$ 对应的熵函数为

$$F(x,\ q)=\frac{1}{q}\ln\sum_{k=1}^{S}\exp[qf_k(x)]$$

则问题(4-30)可用于下述问题近似：

$$\begin{cases} \min\ F(x,\ q) \\ \text{s. t.}\ \ \bar{G}(x,\ \mathrm{p})\leqslant\dfrac{1}{p}\ln(m+2n) \end{cases} \tag{4-31}$$

另外，也可将问题(4-30)化为下列问题：

$$\begin{cases} \min\ z \\ \text{s. t.}\ \ f_k(x)-z\leqslant 0 \qquad (k=1,\ 2,\ \cdots,\ S) \\ \qquad g_i(x)\leqslant 0 \qquad (i=1,\ 2,\ \cdots,\ m) \\ \qquad h_j(x)=0 \qquad (j=1,\ 2,\ \cdots,\ n) \end{cases} \tag{4-32}$$

问题(4-32)又可用熵函数近似：

$$\begin{cases} \min\ z \\ \text{s. t.}\ \ \tilde{G}(x,\ p)\leqslant 0 \end{cases}$$

其中，

$$\widetilde{G}(x, z, p) = \frac{1}{p}\left\{\ln\left[\sum_{k=1}^{S}\exp(p(f_k(x) - z)) + \sum_{i=1}^{m}\exp(pg_i(x)) + \sum_{j=1}^{n}(\exp(ph_j(x)) + \exp(-ph_j(x)))\right]\right\}$$

4.5　一种全局最优算法：填充函数法

4.5.1　填充函数概述[12-22]

填充函数法是葛人溥教授在 20 世纪 90 年代提出的一种求解优化问题的确定性算法。它的关键步骤是要构造一个填充函数，保证在算法实现过程中不陷入局部最优，从而找到更好的局部最优解。

填充函数法的基本思想是：首先对目标函数极小化，找到初始的局部最优解，然后在找到的这个解处构造一个满足某些条件的填充函数，对此填充函数进行极小化，发现计算过程能从这个局部最优解处跳出来，进入其他区域进行搜索。多次进行上述极小化和填充过程，即可找到全局最优解。

考虑无约束全局优化问题：

$$\min_{x\in D\subseteq \mathbf{R}^n} f(\boldsymbol{x}) \tag{4-33}$$

其中 $f(\boldsymbol{x})$：$\mathbf{R}^n \to \mathbf{R}$ 连续可微，假设 $f(\boldsymbol{x})$ 满足当 $\boldsymbol{x}\to\infty$时，$f(\boldsymbol{x})\to\infty$。若存在一个包含 $f(\boldsymbol{x})$ 的所有局部极小点的有界闭区间 Ω，记为搜索区域，则上述无约束全局优化问题(4－33)等价于下面的问题：

$$\begin{cases}\min\limits_{x\in\Omega} f(\boldsymbol{x}) \\ \text{s.t. } \boldsymbol{x}\in\Omega = [l, u] = \{\boldsymbol{x} \mid l \leqslant \boldsymbol{x} \leqslant u,\ l,\ u\in\mathbf{R}^n\}\end{cases} \tag{4-34}$$

因为在解决问题(4－33)之前可以估计搜索区域 Ω，我们假设 Ω 是已知的，所以接下来只考虑问题(4－34)。首先，我们对这里采用的符号进行一些说明。

k：迭代数。

$\boldsymbol{x}'_k$：第 k 次迭代的初始点。

$\boldsymbol{x}^*_k$：在第 k 次迭代中目标函数的局部极小点。

f^*_k：函数 $f(\boldsymbol{x})$ 在 $\boldsymbol{x}^*_k$ 处的函数值。

B_k^*：孤立局部极小点 $\boldsymbol{x}_k^*$ 附近 $f(\boldsymbol{x})$ 的盆域（Basin）。

假设：$f(\boldsymbol{x})$ 在 $\mathbf{R}^n$ 上连续可微并且 Ω 中仅有有限个最小点。所以每一个最小点都是孤立的。孤立局部极小点 $\boldsymbol{x}_k^*$ 附近 $f(\boldsymbol{x})$ 的盆域 B_k^* 是连通域。

Ge 首次提出了填充函数(Filled Function Method，FFM)的定义，随后，FFM 的发展历经了以下几代。

(1) 具有代表性的第一代 FFM 是 P 函数和 G 函数，其表达式如下：

$$P(\boldsymbol{x}, r, \rho)=\exp \frac{-\|x-\boldsymbol{x}_k^*\|^2/\rho^2}{r+f(\boldsymbol{x})} \tag{4-35}$$

$$G(\boldsymbol{x}, r, \rho)=-\rho^2\ln(r+f(\boldsymbol{x})+\|\boldsymbol{x}-\boldsymbol{x}_k^*\|^P) \tag{4-36}$$

第一代填充函数有一个共同的特征：都有两个调节参数 r 和 ρ。然而，如何去调节参数是非常困难的任务。

(2) 由于第一代函数中参数多且调节困难的限制，后来有学者提出了只有一个调节参数的第二代填充函数，如 Q 函数，其表达式如下：

$$Q(\boldsymbol{x}, a)=-(f(\boldsymbol{x})-f(\boldsymbol{x}_k^*))\exp(a\|\boldsymbol{x}-\boldsymbol{x}_k^*\|^2) \tag{4-37}$$

Q 函数在第一代填充函数的基础上得到了很大的简化，但是当参数 a 越来越大时，指数函数的值增长得非常快，可能导致计算溢出。

(3) 为了克服计算溢出的缺点，有学者提出了 H 函数，其计算公式如下：

$$H(\boldsymbol{x}, a)=\frac{1}{\ln(1+f(\boldsymbol{x})-f(\boldsymbol{x}_k^*))-a\|\boldsymbol{x}-\boldsymbol{x}_k^*\|^2} \tag{4-38}$$

H 函数仍然保持着 Q 函数只有一个调节变量的优点，除此之外它还没有指数项。它被认为是典型的第三代填充函数。

值得注意的是，填充函数使用的大多数求局部极小点的算法要求填充函数可求梯度，并且为了确保收敛性要求填充函数必须连续可微。然而 $H(\boldsymbol{x}, a)$ 在 $\boldsymbol{x}\in S=\{\boldsymbol{x}\mid f(\boldsymbol{x})=f(\boldsymbol{x}_k^*)\}$ 处不连续。因此有必要设计一个连续可微的填充函数。关于这个问题已经有一些工作，但是填充函数的参数并不容易调节。基于上面的考虑，我们构造了一个连续可微、参数易于调节的填充函数。

4.5.2　一种新的填充函数及其特性[18-22]

为了更便于设计，我们使用以下填充函数的定义：

定义 4.4(填充函数)　假设 $\boldsymbol{x}_k^*$ 是函数 $f(\boldsymbol{x})$ 的当前局部极小点。如果 $P(\boldsymbol{x}, \boldsymbol{x}_k^*)$ 满足以下性质：

(1) $\boldsymbol{x}_k^*$ 是 $P(\boldsymbol{x}, \boldsymbol{x}_k^*)$ 上的严格局部极大点；

(2) 对于任意 $\boldsymbol{x}\in\Omega_1$，$\nabla P(\boldsymbol{x},\boldsymbol{x}_k^*)\neq 0$，其中

$$\Omega_1=\{\boldsymbol{x}\in\Omega \mid f(\boldsymbol{x})\geqslant f(\boldsymbol{x}_k^*),\ \boldsymbol{x}\neq\boldsymbol{x}_k^*\}$$

(3) 如果 $\Omega_2=\{\boldsymbol{x}\in\Omega \mid f(\boldsymbol{x})<f(\boldsymbol{x}_k^*),\ \boldsymbol{x}\in\Omega\}$ 非空，存在一个点 $\boldsymbol{x}_k'\in\Omega_2$，并且 $\boldsymbol{x}_k'$ 是 $P(\boldsymbol{x},\boldsymbol{x}_k^*)$ 的局部极小点，则称 $P(\boldsymbol{x},\boldsymbol{x}_k^*)$ 是 $f(\boldsymbol{x})$ 在 $\boldsymbol{x}_k^*$ 处的填充函数。

值得注意的是，通过定义 4.4 来构造一个填充函数比通过原始填充函数定义更容易。事实上，如果 $\boldsymbol{x}_k^*$ 不是全局最小点，通过定义 4.4 中的约束(3)最小化 $P(\boldsymbol{x},\boldsymbol{x}_k^*)$，可以找到一个点 $\boldsymbol{x}'_k\in\Omega_2$。因此，可以使用 $\boldsymbol{x}'_k$ 作为初始点得到一个更小的局部极小点 $\boldsymbol{x}_{k+1}^*$ 来依次最小化 $f(\boldsymbol{x})$。在最小化 $P(\boldsymbol{x},\boldsymbol{x}_k^*)$ 的过程中，不要求 $\boldsymbol{x}_{k+1}^*$ 严格位于 $\boldsymbol{x}'_k$ 和 $\boldsymbol{x}_k^*$ 所在的直线上。所以设计一个填充函数并搜索 $f(\boldsymbol{x})$ 的一个更好的局部最优解更加容易。

为了寻找 $f(\boldsymbol{x})$ 的全局最优解，填充函数法的主要问题是寻找 $f(\boldsymbol{x})$ 的一个更小点。它很大程度上取决于选择的填充函数。所以我们对问题(4-34)在局部极小点 $\boldsymbol{x}_k^*$ 提出一种新的填充函数，表达式如下：

$$P(\boldsymbol{x},\boldsymbol{x}_k^*)=\frac{1}{1+\|\boldsymbol{x}-\boldsymbol{x}_k^*\|^2}+g(f(\boldsymbol{x})-f(\boldsymbol{x}_k^*)) \tag{4-39}$$

$$g(t)=\begin{cases}0 & t\geqslant 0\\ r\cdot\arctan(t^\rho) & (t<0)\end{cases}$$

其中 r 是可调节的正实数，并且作为权重因子足够大，ρ 是远大于 1 的奇数。

上面所提出的填充函数有以下几个优点：

(1) 它是连续可微的，这使得通过现有的局域最优方法使用填充函数很容易获得它的局部极小点。

(2) $r\cdot\arctan(t^\rho)\in(-\pi/2,0)$ 是有界的，这就保证了计算 $P(\boldsymbol{x},\boldsymbol{x}_k^*)$ 时不会溢出，是数值稳定的。

(3) 只有一个参数 r 需要调节，并且可以取任何足够大的正实数。因此，很容易调节。

下面的结论表明 $P(\boldsymbol{x},\boldsymbol{x}_k^*)$ 满足定义 4.4 中的约束。

定理 4.5　假设 $\boldsymbol{x}_k^*$ 是 $f(\boldsymbol{x})$ 的一个局部极小点，那么 $\boldsymbol{x}_k^*$ 就是 $P(\boldsymbol{x},\boldsymbol{x}_k^*)$ 的一个严格局部极大点。

证明　因为 $\boldsymbol{x}_k^*$ 是 $f(\boldsymbol{x})$ 的一个局部极小点，那么就存在一个小的正实数 ε，及 $\boldsymbol{x}_k^*$ 的一个邻域 $\delta=U(\boldsymbol{x}_k^*,\varepsilon)$，对于所有的 $\boldsymbol{x}\in\delta$，当 $\boldsymbol{x}\neq\boldsymbol{x}_k^*$ 时，都有

$$f(\boldsymbol{x})>f(\boldsymbol{x}_k^*)$$

并且

$$P(\boldsymbol{x},\boldsymbol{x}_k^*)=\frac{1}{1+\|\boldsymbol{x}-\boldsymbol{x}_k^*\|^2}<1=P(\boldsymbol{x}_k,\boldsymbol{x}_k^*)$$

因此 $\boldsymbol{x}_k^*$ 是 $P(\boldsymbol{x}, \boldsymbol{x}_k^*)$ 的一个严格局部极大点。

定理 4.6　假设满足 4.5.1 小节的假设，$\boldsymbol{x}_k^*$ 是 $f(\boldsymbol{x})$ 的一个局部极小点，那么对于任意 $\boldsymbol{x} \in \Omega_1 = \{\boldsymbol{x} \mid f(\boldsymbol{x}) \geqslant f(\boldsymbol{x}_k^*), \boldsymbol{x} \in \Omega, \boldsymbol{x} \neq \boldsymbol{x}_k^*\}$，$\nabla P(\boldsymbol{x}, \boldsymbol{x}_k^*) \neq 0$。

证明　对于任意 $\boldsymbol{x} \in \Omega_1$，$f(\boldsymbol{x}) \geqslant f(\boldsymbol{x}_k^*)$，并且 $\boldsymbol{x} \neq \boldsymbol{x}_k^*$，都有

$$\nabla P(\boldsymbol{x}, \boldsymbol{x}_k^*) = -\frac{2(\boldsymbol{x} - \boldsymbol{x}_k^*)}{(1 + \|\boldsymbol{x} - \boldsymbol{x}_k^*\|^2)^2} \neq 0$$

定理 4.7　假设满足 4.5.1 小节的假设，$\boldsymbol{x}_k^*$ 是 $f(\boldsymbol{x})$ 的一个局部极小点，并且 $\Omega_2 = \{\boldsymbol{x} \mid f(\boldsymbol{x}) < f(\boldsymbol{x}_k^*), \boldsymbol{x} \in \Omega\}$ 非空，那么存在一个点 $\boldsymbol{x}_k' \in \Omega_2$，使得 $\boldsymbol{x}_k'$ 是 $P(\boldsymbol{x}, \boldsymbol{x}_k^*)$ 的局部极小点。

证明　令

$$\Omega_3 = \{\boldsymbol{x} \mid f(\boldsymbol{x}) \leqslant f(\boldsymbol{x}_k^*), \boldsymbol{x} \in \Omega\}$$

并且

$$\partial\Omega_2 = \{\boldsymbol{x} \mid f(\boldsymbol{x}) = f(\boldsymbol{x}_k^*), \boldsymbol{x} \in \Omega\},$$
$$\Omega_3 = \Omega_2 \cup \partial\Omega_2$$

其中 $\partial\Omega_2$ 是 Ω_2（和 Ω_3）的边界。因为 $f(\boldsymbol{x})$ 是连续的，Ω_3 和 $\partial\Omega_2$ 被包含在 Ω 中，所以 Ω_3 和 $\partial\Omega_2$ 都是有界闭集。

对于任意 $\boldsymbol{x} \in \partial\Omega_2$，有

$$P(\boldsymbol{x}, \boldsymbol{x}_k^*) = \frac{1}{1 + \|\boldsymbol{x} - \boldsymbol{x}_k^*\|^2} \tag{4-40}$$

因为 $\partial\Omega_2$ 是有界闭集，那么存在 $\tilde{\boldsymbol{x}} \in \partial\Omega_2$，有

$$\min_{\boldsymbol{x} \in \partial\Omega_2} P(\boldsymbol{x}, \boldsymbol{x}_k^*) = P(\tilde{\boldsymbol{x}}, \boldsymbol{x}_k^*) = \frac{1}{1 + \|\tilde{\boldsymbol{x}} - \boldsymbol{x}_k^*\|^2} \tag{4-41}$$

对于任意 $\boldsymbol{x} \in \Omega_2$，$f(\boldsymbol{x}) < f(\boldsymbol{x}_k^*)$，有

$$P(\boldsymbol{x}, \boldsymbol{x}_k^*) = \frac{1}{1 + \|\boldsymbol{x} - \boldsymbol{x}_k^*\|^2} + r \cdot \arctan\,(f(\boldsymbol{x}) - f(\boldsymbol{x}_k^*))^{\rho} \tag{4-42}$$

其中 $\rho > 1$，是一个固定的正奇数，这里假设 $\rho = \rho_1 > 1$。因为 Ω_2 非空，所以存在一个点 $\boldsymbol{x}_1 \in \Omega_2 = \mathrm{int}\Omega_3$，有

$$P(\boldsymbol{x}_1, \boldsymbol{x}_k^*) = \frac{1}{1 + \|\boldsymbol{x}_1 - \boldsymbol{x}_k^*\|^2} + r \cdot \arctan\,(f(\boldsymbol{x}_1) - f(\boldsymbol{x}_k^*))^{\rho_1} \tag{4-43}$$

当

$$r > \frac{\dfrac{1}{1 + \|\tilde{\boldsymbol{x}} - \boldsymbol{x}_k^*\|^2} - \dfrac{1}{1 + \|\boldsymbol{x}_1 - \boldsymbol{x}_k^*\|^2}}{\arctan\,(f(\boldsymbol{x}_1) - f(\boldsymbol{x}_k^*))^{\rho_1}} \triangleq \bar{r} \tag{4-44}$$

例如，$r=\bar{r}+1$，有

$$P(\boldsymbol{x}_1, \boldsymbol{x}_k^*) < P(\tilde{\boldsymbol{x}}, \boldsymbol{x}_k^*)$$

换句话说，当 $r=\bar{r}+1$ 时，至少存在一个点 $\boldsymbol{x}_1 \in \mathrm{int}\Omega_3$，有

$$P(\boldsymbol{x}_1, \boldsymbol{x}_k^*) < P(\tilde{\boldsymbol{x}}, \boldsymbol{x}_k^*)$$

因为 $P(\boldsymbol{x}, \boldsymbol{x}_k^*)$ 在有界闭集 Ω_3 上连续，对于固定的 r，$P(\boldsymbol{x}, \boldsymbol{x}_k^*)$ 在 Ω_3 上一定有全局最小值 $\boldsymbol{x}'_k$。因为

$$P(\boldsymbol{x}'_k, \boldsymbol{x}_k^*) \leqslant P(\boldsymbol{x}_1, \boldsymbol{x}_k^*) < P(\tilde{\boldsymbol{x}}, \boldsymbol{x}_k^*)$$

$\tilde{\boldsymbol{x}}$ 是 $P(\boldsymbol{x}, \boldsymbol{x}_k^*)$ 在 $\partial\Omega_2$ 上的全局最小值，因此

$$\boldsymbol{x}'_k \in \mathrm{int}\Omega_3 = \Omega_2$$

即 $\boldsymbol{x}'_k$ 是 $P(\boldsymbol{x}, \boldsymbol{x}_k^*)$ 在 Ω_2 上的全局最小值。证毕。

定理 4.5 到定理 4.7 说明所提出的填充函数满足定义 4.4。

4.5.3 全局优化问题的研究现状

考虑全局优化问题：

$$\min_{x \in D \subseteq \mathbf{R}^n} f(\boldsymbol{x})$$

其求解方法分为确定性方法和随机方法两类。前者是利用函数的解析性质产生一个确定的有限或无限点列收敛于全局最优解；后者是利用概率机制产生非确定性的点列或点集序列来描述迭代过程，使其或其中最好解收敛于全局最优解。

确定性方法包括 D.C 规划、分支定界法、填充函数法、隧道法、置换方法等。随机方法包括 Monte-Carlo 法、进化算法(EAs)、模拟退火等。

确定性方法一般迭代公式为

$$\boldsymbol{x}_{k+1} = \boldsymbol{x}_k + \lambda_k p_k$$

其中，p_k 为搜索方向；λ_k 为步长。对填充函数法(filled function method)而言，一般取 $p_k = \boldsymbol{x} - \boldsymbol{x}_k^*$，其中 $\boldsymbol{x}_k^*$ 为第 k 步填充函数求出的局部极小点。构造 $f(\boldsymbol{x})$ 在 $\boldsymbol{x}_k^*$ 处的一个填充函数 $p_k(\boldsymbol{x})$ 使 $p_k(\boldsymbol{x})$ 在 $S_k^1 = \{\boldsymbol{x} \mid f(\boldsymbol{x}) \geqslant f(\boldsymbol{x}_k^*)\}$ 上无稳定点，而在 $S_k^2 = \{\boldsymbol{x} \mid f(\boldsymbol{x}) < f(\boldsymbol{x}_k^*)\}$ 上有稳定解。极小化 $p_k(\boldsymbol{x})$ 得到一个局部最优点 $\boldsymbol{x}_{k+1}$，然后以 $\boldsymbol{x}_{k+1}$ 为初始点极小化原函数 $f(\boldsymbol{x})$ 得其另一个更好的局部极小点 $\boldsymbol{x}_{k+1}^*$。值得注意的是，在构造填充函数时，若 $\boldsymbol{x}_k^*$ 为全局最优解，则要求 $f(\boldsymbol{x})$ 只能有有限个局部最小点。

综上所述，填充函数法的构造框架大致分为两个阶段：第一阶段完成极小化 $f(\boldsymbol{x})$，第二阶段填充已找到的极小点所在的深谷。

阶段 1：用传统方法求 $f(\boldsymbol{x})$ 的一个局部极小点 $\boldsymbol{x}_k^*$。

阶段 2：在 $\boldsymbol{x}_k^*$ 处构造一个填充函数 $p_k(\boldsymbol{x})$，以 $\boldsymbol{x}_k^*$ 为初始点求 $p_k(\boldsymbol{x}^k)$ 的一个局部极小点 $\boldsymbol{x}_{k+1}$，使 $\boldsymbol{x}_{k+1}$ 和 $\boldsymbol{x}_k^*$ 满足 $f(\boldsymbol{x}_{k+1})<f(\boldsymbol{x}_k^*)$。以 $\boldsymbol{x}_{k+1}$ 为初始点，令 $k=k+1$，转至阶段 1。

据不完全统计，从 1984 年提出到现在已有几十种填充函数。下面列出几个代表性的填充函数。

(1) Ge R. P. 在 2007 年提出的填充函数[12]：

$$p_k(\boldsymbol{x}, r, \rho)=\frac{1}{r+f(\boldsymbol{x})}\mathrm{e}^{\frac{-\|\boldsymbol{x}-\boldsymbol{x}_k^*\|^2}{\rho^2}}$$

要求：① $r+f(\boldsymbol{x})>0$，$\forall \boldsymbol{x}\in \mathbf{R}^n$；② $\dfrac{\rho^2}{r+f(\boldsymbol{x})}$ 不能太大。

(2) 只含一个参数的填充函数[13]：

$$Q_k(\boldsymbol{x}, a)=-[f(\boldsymbol{x})-f(\boldsymbol{x}_k^*)]\mathrm{e}^{a\|\boldsymbol{x}-\boldsymbol{x}_k^*\|^p}\quad (p>0\ \text{取整})$$

(3) Ge R. P. 在 1990 年提出的填充函数[13]：

$$Q_k(\boldsymbol{x}, a)=-\{y[f(\boldsymbol{x})]-y[f(\boldsymbol{x}_k^*)]\}\mathrm{e}^{a\|\boldsymbol{x}-\boldsymbol{x}_k^*\|^p}\quad (p>0\ \text{取整})$$

其中，$y(z)$ 为二元函数，满足 $y(0)=0$，$y'(t)>0$，$y''(t)<0$，$t\in(0, \infty)$，$\lim\limits_{t\to\infty}y(t)=C$（$C$ 为常数）。$y(t)$ 称为缓和因子(mitigator)，如 $y(t)=1-\mathrm{e}^{-t}$。

(4) Liu Xian 等在 2006 年提出的只含一个参数且不易溢出的填充函数[14]：

$$H_1(\boldsymbol{x})=\frac{1}{\ln(1+f(\boldsymbol{x})-f(\boldsymbol{x}_k^*))}-a\|\boldsymbol{x}-\boldsymbol{x}_k^*\|^2$$

$$H_2(\boldsymbol{x})=\frac{a}{\|\boldsymbol{x}-\boldsymbol{x}_k^*\|}-[f(\boldsymbol{x})-f(\boldsymbol{x}_k^*)]^{\frac{1}{m}}$$

参 考 文 献

[1] 陈开周. 最优化计算法[M]. 西安：西北电讯工程学院出版社，1985.

[2] CHONG，E K P，ZAK，S H. 最优化导论[M]. 4 版. 孙志强，等译. 北京：电子工业出版社，2015.

[3] 高立. 数值最优化方法[M]. 北京：北京大学出版社，2014.

[4] 申培萍. 全局优化方法[M]. 北京：科学出版社，2006.

[5] MASAO F. 非线性最优化基础[M]. 林贵华，译. 北京：科学出版社，2016.

[6] 袁亚湘. 非线性优化计算方法[M]. 北京：科学出版社，2008.

[7] 盛昭瀚，曹忻. 最优化方法基本教程[M]. 南京：东南大学出版社，1990.

[8] 李兴斯.一类不可为优化问题的有效解法[J].中国科学(A)，1994，24(4)：371－377.

[9] KROESE D P，POROTSKY S，RUBINSTEIN R Y. The Cross-Entropy Method for Continuous Multi-Extremal Optimization[J]. Methodology & Computing in Applied Probability，2006，8(3)：383－407.

[10] 李绍刚，段复建，任阿娟. 求解不等式约束极大极小问题的一种熵函数法[C]. 中国运筹学会第八届学术交流会论文集，2006.

[11] 王云诚，唐焕文. 求解约束极大极小问题的一种熵函数法[J]. 高等学校计算数学学报，1999.

[12] GE R P，QIN Y F. A class of filled functions for finding global minimizers of a function of several variables[J]. Journals of Optimization Theory and Applications，1987，54：241－252.

[13] GE R P. A filled function method for finding a global minimizer of a function of several variables[J]. Math. Program. 1990，46：191－204.

[14] LIU X. A class of augmented filled functions[J]. Computational Optimization and Applications，2006，33(2－3)：333－347.

[15] LIU，X. Finding global minima with a computable filled function[J]. J. Glob. Optim，2001，19：151－161.

[16] 尚有林. 非线性全局优化中填充函数方法的研究[D].上海：上海大学，2005.

[17] YANG Y J，SHANG Y L. A new filled function method for unconstraint global optimization[J]，Applied Mathematics and Computation，2006，173：501－512.

[18] LIU H Y，WANG Y P，GUAN S W，LIU X Y. A new filled function method for unconstrained global optimization [J]. International Journal of Computer Mathematics，2017，94(12)：2283－2296.

[19] WEI F，WANG Y P，LIN H W. A new filled function method with two parameters for global optimization[J]. *Journal of Optimization Theory and Applications*，2014，163(2)：510－527.

[20] LIN H W，WANG Y P，FAN L，GAO Y L. A new discrete filled function method for finding global minimizer of the integer programming[J]. Applied Mathematics & Computation，2013，219(9)：4371－4378.

[21] SUI X，WANG Y P，LIU J H. A New Filled Function Method Combining Auxiliary Function for Global Optimization[J]. Pacific Journal of Optimization，

2019, 15(1): 23-44.

[22] LIU J H, WANG Y P, SUI X, WEI S W, TONG W N. A Filled Flatten Function Method Based on Basin Deepening and Adaptive Initial Point for Global Optimization [J]. International Journal of Pattern Recognition and Artificial Intelligence, 2020, 34(4): 26.

补充阅读材料

第五章　多目标优化

5.1　多目标优化问题[1,2]

5.1.1　多目标优化问题介绍

多目标优化是工程实践领域的一类常用的优化问题，相比于单目标优化问题来说，多目标优化问题(Multi-objective Optimization Problems，MOP)同时优化多个目标，而各个目标之间的关系彼此相互冲突，此类问题的最优解求解过程往往比较复杂，如桥梁建设问题、投资组合问题和购买车辆决策问题等。

对于消费者购买车辆的决策问题来说，消费者往往以车辆的价格(cost)和驾乘舒适度(comfort)作为评价目标。假定给出四种方案供消费者选择，记为 A、B、C 和 D，每种方案对应的价格和舒适度如图 5.1 所示。哪一种类型的物品对于消费者来说是最适合的，就是一个典型的多目标优化问题。

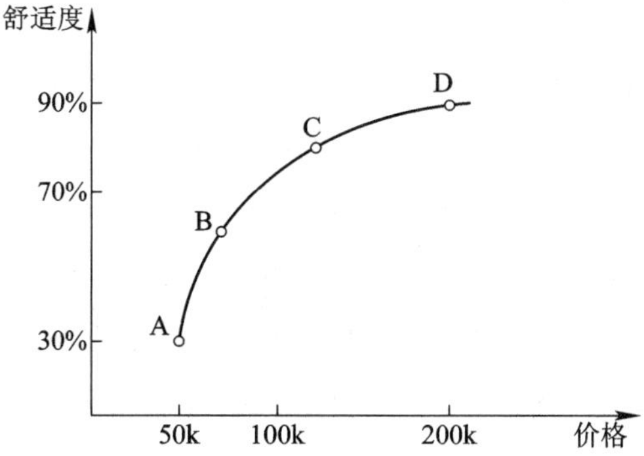

图 5.1　供消费者选择的四种购车方案

对于一个具有 m 个目标的最小化多目标优化问题，数学表达式如下：

$$\begin{cases}\min F(\boldsymbol{x})=(f_1(\boldsymbol{x}), f_2(\boldsymbol{x}), \cdots, f_m(\boldsymbol{x}))^{\mathrm{T}} \\ \text{s.t. } \boldsymbol{x} \in \Omega \subseteq \mathbf{R}^n\end{cases} \tag{5-1}$$

其中，$\boldsymbol{x}=(x_1, x_2, \cdots, x_n)^{\mathrm{T}}$ 是一个 n 维决策向量，Ω 是决策空间(Decision Space)，$\mathbf{R}^n$ 是 n 维向量空间，$f_i(\boldsymbol{x})(i=1, 2, \cdots, m)$ 是每一维的目标函数，$F(\boldsymbol{x}): \Omega \rightarrow \Theta \subseteq \mathbf{R}^m$ 是将决策空间 Ω 映射到 m 维的目标空间(Objective Space) Θ。

图 5.2 描述了具有两个目标函数的多目标优化问题的决策空间和目标空间的映射关系，左图和右图分别描述了决策空间和目标空间。决策空间中的候选解 a、b、c、d、e、g、h、k 映射到目标空间的候选解 a、b、c、d、e、g、h、k(在目标空间实际应为 $F(a)$、$F(b)$、$F(c)$、$F(d)$、$F(e)$、$F(g)$、$F(h)$和 $F(k)$，为了记号简单，还是用 a、b、c、d、e、g、h、k 来记)。

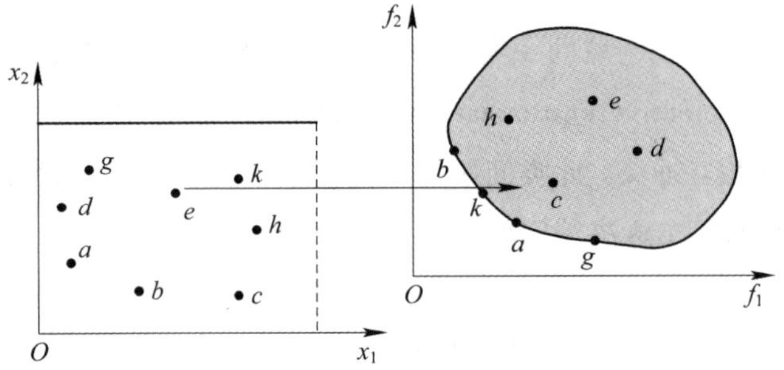

图 5.2　解在决策空间到目标空间的映射关系

5.1.2　多目标优化基本定义

定义 5.1(Pareto 支配)　对于问题(5-1)，两个决策变量 $x, y \in \Omega$ 若满足下面的条件

$$\begin{cases}f_i(x) \leqslant f_i(y) & (\forall i \in \{1, 2, \cdots, m\}) \\ f_j(x) < f_j(y) & (\exists j \in \{1, 2, \cdots, m\})\end{cases} \tag{5-2}$$

则称 x Pareto 支配 y，记为 $x \prec y$。

例如，对图 5.2 中的各个候选解，在目标空间中描述它们之间的支配关系，如图 5.3 所示。具体支配关系为：c 支配区域Ⅰ中的解；区域Ⅲ中的解支配 c；区域Ⅱ和Ⅳ的解与 c 互不支配。

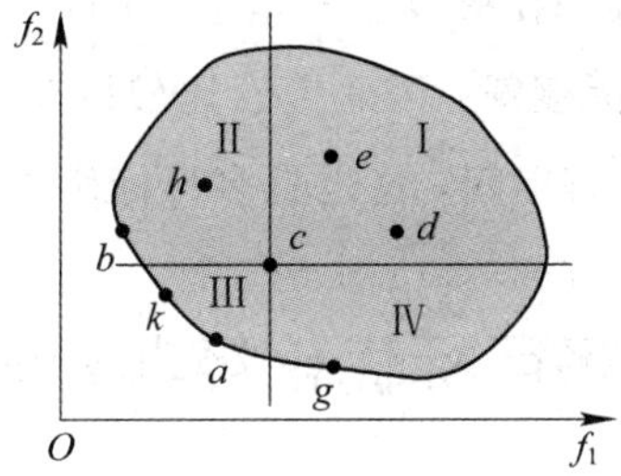

图 5.3　候选解 c 与其他解的支配关系示意图

定义 5.2(Pareto 最优解)　对决策变量 $\boldsymbol{x}^* \in \Omega$，若在决策变量空间找不到任一个决策向量 $\boldsymbol{x}$ 满足 $\boldsymbol{x} \prec \boldsymbol{x}^*$，则称 $\boldsymbol{x}^*$ 是问题的一个 Pareto 最优解。若找不到任一个决策向量 $\boldsymbol{x}$ 满足 $f_j(\boldsymbol{x}) < f_j(\boldsymbol{x}^*)$ ($j = 1, 2, \cdots, m$)，则称 $\boldsymbol{x}^*$ 是问题的弱 Pareto 最优解。

定义 5.3(Pareto 最优解集(Pareto Solution Set，PS))　Pareto 最优解的集合称为 Pareto最优解集，记作

$$\text{PS} = \{x \in \Omega \mid x \text{ is Pareto optimal}\}$$

定义 5.4(Pareto 前沿(Pareto Front，PF))　Pareto 最优解集(PS)在目标空间的像集称为问题的 Pareto 前沿(Pareto Front)，记作

$$\text{PF} = \{F(x) \mid x \in \text{PS}\}$$

图 5.4 为两个决策变量的多目标优化问题的最优解集(PS)和 Pareto 前沿。左图为最优解集在决策空间的示意图，右图为最优解集(PS)的像集在目标空间的示意图。需要注意的是，PS 的解在决策空间的分布、形状和位置没有规律，如左图里画出的曲线所示，但是 PS 在目标空间的像集 PF 的分布有规律：PF 为目标空间左下方的边界曲线，如右图左下方边界曲线所示。

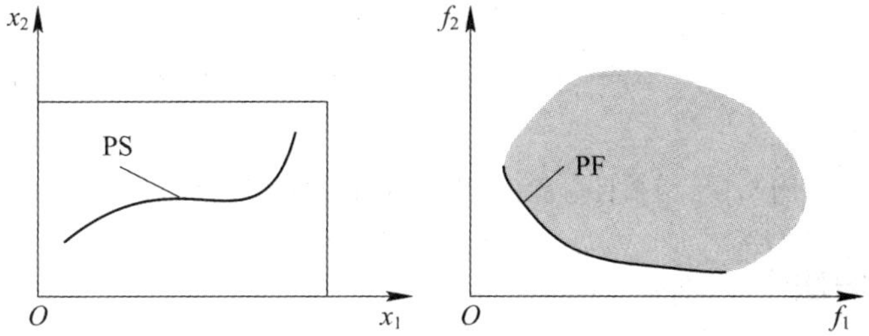

图 5.4　PS 与 PF 示意图

我们设计的算法的搜索过程是在决策空间里进行的，即试图找出最优解集(PS)，但是由于 PS 的位置、形状和分布均无规律，因此搜索比较困难(尽管可以利用目标空间的信息指导搜索，但搜索过程毕竟在决策空间，这也是多目标优化为什么难以求解的原因)。

5.2 多目标优化经典算法简介

多目标优化问题的 Pareto 最优解往往不唯一，一般存在多个非支配解，有些问题甚至有无穷多非支配解。因此，求出所有解往往很困难，甚至无法实现。目前，设计有效算法的主要目的就是找到一个有代表性的最优解集合，使得这个集合对应目标空间的像集(它是 Pareto 前沿的近似，简称 Pareto 前沿)满足如下条件：

(1) 尽可能接近真实 PF；

(2) 尽可能均匀、宽广地分布在目标空间接近真实 PF 的超曲面(曲线)上。

图 5.5 是两个目标优化的 PF 和其上代表点的示意图。阴影部分左下方边界的曲线即为真实的 PF，圆圈为代表解集在目标空间的像集。从图中可以看出，代表解集的像集均匀、宽广地分布在真实的 PF 上。这样的代表解集包含了各种特点的解，决策者可在这个代表解的集合里选择适合自己需要的解。

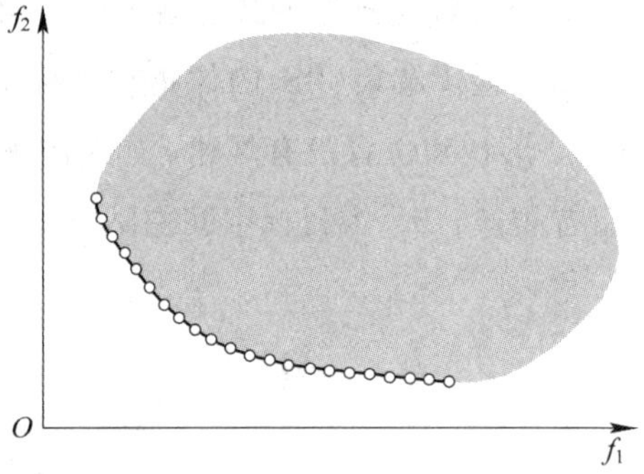

图 5.5 两个目标优化问题真实 PF 与代表解集示意图

5.2.1 加权平均法[3]

加权平均法最早由 Zadeh 提出，目前仍然是最广泛使用的优化方法。它的基本原理是为每个目标函数分配一个权重 $\alpha_i \geqslant 0$，体现各个目标的显著性，其主要思想是将问题转化为如下的单目标优化问题进行求解。

$$\min_{x\in X_f}\sum_{j=1}^{p}\alpha_j f_j(\boldsymbol{x}) \tag{5-3}$$

对这个求解方法，有如下结论：

(1) 如果 $\alpha_j > 0(j=1,2,\cdots,p)$ 或者 $\alpha_j \geqslant 0(j=1,2,\cdots,p)$，并且转化的单目标优化问题有唯一解 $\boldsymbol{x}^*$，那么 $\boldsymbol{x}^*$ 就是原来多目标优化问题的一个 Pareto 最优解。

(2) 若 $\alpha_j \geqslant 0(j=1,2,\cdots,p)$，并且 $\boldsymbol{x}^*$ 是单目标优化问题的全局最优解，那么 $\boldsymbol{x}^*$ 是原多目标优化问题的一个弱 Pareto 最优解；求解加权平均后的最优解有可能不是 MOP 的 Pareto 最优解。

(3) 对于 $\alpha_j \geqslant 0(j=1,2,\cdots,p)$，假设 $\boldsymbol{x}^*$ 是转化后单目标问题的全局最优解：

① 如果 $\bar{\delta}=0$，那么 $\boldsymbol{x}^*$ 是 MOP 的 Pareto 最优解；

② 如果 $\bar{\delta}>0$，那么 $\boldsymbol{x}^*$ 不是 MOP 的 Pareto 最优解。

$$\begin{cases}\bar{\delta}=\min\delta=\sum_{j=1}^{p}\delta_j\\ \text{s. t.}\quad f_j(\boldsymbol{x})=f_j(\boldsymbol{x}^*)+\delta_j, \qquad (\boldsymbol{x}\in X_f;\ \delta_j\geqslant 0;\ j=1,2,\cdots,p)\end{cases}$$

加权平均法的优点：

(1) 权值均大于 0 时，单目标问题的全局最优解对应于 MOP 的 Pareto 最优解。

(2) 单目标值问题的局部最优解对应于 MOP 的局部 Pareto 最优解。

(3) 通过改变权重，可以获得不同的 Pareto 最优解。

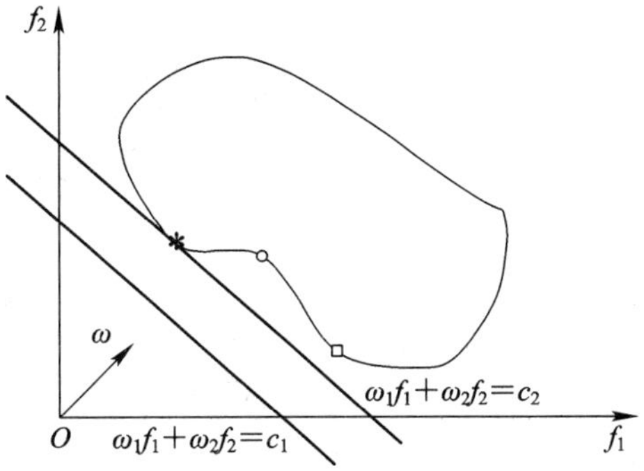

图 5.6 加权法无法找到 PF 非凸部分解的示意图

加权平均法的缺点：

(1) 加权平均法无法找到 Pareto 解空间非凸部分的 Pareto 最优解，在图 5.6 中，只有星号(*)解能够通过加权平均法求解出来，其余两个解都无法找到。

(2) 该方法无法在 Pareto 解空间找到一组均匀分布的解。

5.2.2 $\boldsymbol{\varepsilon}$-约束法[4]

设优化问题为

$$P_k(\boldsymbol{\varepsilon}^k):\begin{cases}\max f_k(\boldsymbol{x}) & (k\in\{1,2,\cdots p\})\\ \text{s.t. } f_j(\boldsymbol{x})\geqslant\varepsilon_j & (j=1,2,\cdots,p;\ j\neq k;\ \boldsymbol{x}\in X_f)\end{cases}\tag{5-4}$$

其中，$\boldsymbol{\varepsilon}^k=(\varepsilon_1,\varepsilon_2,\cdots,\varepsilon_{k-1},\varepsilon_{k+1},\cdots,\varepsilon_p)$。

$\boldsymbol{\varepsilon}$-约束法的基本思想如图5.7所示。$\boldsymbol{\varepsilon}$-约束法根据决策者的偏好将某个目标 $f_k(\boldsymbol{x})$ 作为参考目标，而其他目标函数满足一定的约束条件要求，从而将多目标转化为单目标优化问题。

(1) $\boldsymbol{x}^*$ 是MOP的Pareto最优解的充要条件是：$\boldsymbol{x}^*$ 是每一个 $P_k(\varepsilon_*^k)(k=1,2,\cdots,p)$ 问题的全局最优解，其中，$\varepsilon_*^k=(\varepsilon_1^*,\cdots,\varepsilon_{k-1}^*,\varepsilon_{k+1}^*,\cdots,\varepsilon_p^*)$，$\varepsilon_j^*=f_j(x^*)$，$(j=1,2,\cdots,p;\ j\neq k)$。

(2) 如果存在 k 使得 $\boldsymbol{x}^*$ 是 $P_k(\varepsilon_*^k)$ 的唯一全局最优解，那么 $\boldsymbol{x}^*$ 是MOP的Pareto最优解。

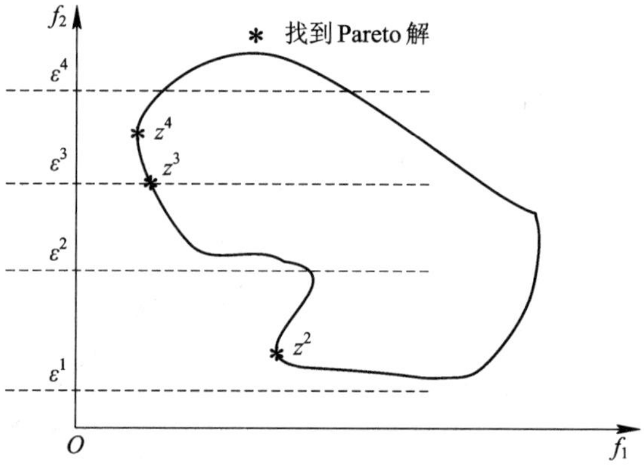

图5.7 $\boldsymbol{\varepsilon}$-约束法约束为 $f_2\geqslant\varepsilon^i$ 时求出的解示意图

$\boldsymbol{\varepsilon}$-约束法的优点：通过改变 k 和 $\boldsymbol{\varepsilon}^k$，原则上可以得到不同的Pareto最优解。

$\boldsymbol{\varepsilon}$-约束法的缺点：(1) 选择合适的 k 和 $\boldsymbol{\varepsilon}^k$ 很困难。

(2) 如果 $\boldsymbol{\varepsilon}^k$ 太大，问题 $P_k(\boldsymbol{\varepsilon}^k)$ 可能没有可行解；如果 $\boldsymbol{\varepsilon}^k$ 太小，除了 $f_k(\boldsymbol{x})$ 之外的所有目标在约束中不会发挥作用。

5.2.3　切比雪夫方法[5]

切比雪夫方法通过加权 L_∞ 将 MOP 转化为单目标优化问题，该方法的大致思想是减少最大差距从而将个体逼近 Pareto 最优前沿，其等高线示意图如图 5.8 所示。

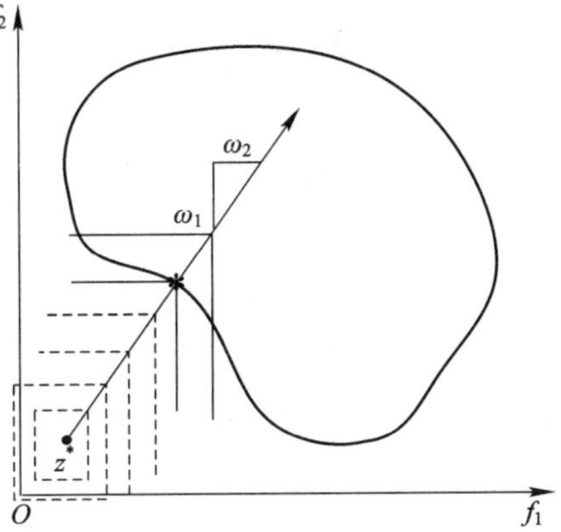

图 5.8　给定权向量 $\boldsymbol{\omega}$，目标函数的等高线(折线)和所求的解

切比雪夫方法的表达式如下：

$$\begin{cases}\min \max\{\omega_i \mid f_i(\boldsymbol{x})-z_i^* \mid\} & (i=1, 2, \cdots, m) \\ \text{s. t. } \boldsymbol{x} \in \boldsymbol{S}\end{cases} \tag{5-5}$$

其中，$z^*=(z_1^*, z_2^*, \cdots, z_m^*)$ 是一个理想解，

$$z_i^*=\min_{x \in S} f_i(\boldsymbol{x})$$

$$\omega_i>0 \quad i=1, 2, \cdots, m$$

$$\sum_{i=1}^{m} \omega_i=1$$

切比雪夫方法的优点：对于任何 Pareto 最优解 $\boldsymbol{x}^*$，都有一个权向量 $\boldsymbol{\omega}$ 使得 $\boldsymbol{x}^*$ 是上述问题的一个最优解。

切比雪夫方法的缺点：如果全局理想目标向量 $\boldsymbol{z}^*$ 是未知的，可能会产生弱 Pareto 最优解。

$$\omega_1 \mid f_1(\boldsymbol{x})-z_1^* \mid=\omega_2 \mid f_2(\boldsymbol{x})-z_2^* \mid$$

等价于

$$\omega_1[f_1(\boldsymbol{x})-z_1^*]=\omega_2[f_2(\boldsymbol{x})-z_2^*]$$

即

$$\frac{f_2(\boldsymbol{x})-z_2^*}{f_1(\boldsymbol{x})-z_1^*}=\frac{\omega_1}{\omega_2}$$

因此给定 ω_1、ω_2，对于箭头线上的任意点 *，都有

$$\frac{f_2(\boldsymbol{x})-z_2^*}{f_1(\boldsymbol{x})-z_1^*}=\frac{\omega_1}{\omega_2}$$

这意味着

$$\max_{i=1,2}\{\omega_i \mid f_i(\boldsymbol{x})-z_i^* \mid\}=\omega_1[f_1(\boldsymbol{x})-z_1^*]=\omega_2[f_2(\boldsymbol{x})-z_2^*]$$

对于箭头线上方的点，有

$$\frac{f_2(\boldsymbol{x})-z_2^*}{f_1(\boldsymbol{x})-z_1^*}>\frac{\omega_1}{\omega_2}$$

$$\omega_1[f_1(\boldsymbol{x})-z_1^*]<\omega_2[f_2(\boldsymbol{x})-z_2^*]$$

此时

$$\max_{i=1,2}\{\omega_i \mid f_i(\boldsymbol{x})-z_i^* \mid\}=\omega_2[f_2(\boldsymbol{x})-z_2^*]$$

同样地，在箭头线的下方有

$$\max_{i=1,2}\{\omega_i \mid f_i(\boldsymbol{x})-z_i^* \mid\}=\omega_1[f_1(\boldsymbol{x})-z_1^*]$$

因此上述极大值函数的轮廓是一条曲折线(上方为水平线、下方为垂直线的折线)。

5.2.4 NBI 算法[6]

正交边界交叉(Normal-Boundary Intersection，NBI)算法的主要步骤如下：

第一步，对于所有个体目标 $f_i(i\in\{1, 2, \cdots, p\})$，必须满足相应的全局最小值 $\boldsymbol{x}_i^*\in X_f$。目标空间的个体最小值的凸包称为 CHIM(图 5.9 中连接 $f(x_1^*)$ 和 $f(x_2^*)$ 的线段)，可以表示为

$$\text{CHIM}=\left\{\boldsymbol{\Phi\beta}\,\middle|\,\boldsymbol{\beta}\in\mathbf{R}^p,\ \sum_{k=1}^{p}\boldsymbol{\beta}_k=1,\ \boldsymbol{\beta}_k\geqslant 0,\ \boldsymbol{\Phi}=[f(x_1^*),\ \cdots,\ f(x_p^*)]\right\} \quad (5-6)$$

$$\boldsymbol{\beta}=(\beta_1,\ \beta_2,\ \cdots,\ \beta_p)^{\mathrm{T}}$$

$$f(\boldsymbol{x}_j^*)=(f_1(\boldsymbol{x}_j^*),\ f_2(\boldsymbol{x}_j^*),\ \cdots,\ f_m(\boldsymbol{x}_j^*))^{\mathrm{T}} \qquad (j=1,\ 2,\ \cdots,\ p)$$

第二步，找到一个 CHIM 的单位法向量 **N**(面向左下方向)，那么由 **N** 产生的半直线和 $\bar{Y}_f$ 图像边界的交点就是 Pareto 最优解，对应图 5.9 中的“+”标记处。

第三步，寻找交点的问题就可以转化成单目标优化问题：

$$
(\mathrm{NBI})\begin{cases}\min t \\ \mathrm{s.\,t.}\ \boldsymbol{\Phi\beta}+t\cdot\boldsymbol{N}=f(\boldsymbol{x}) \\ \boldsymbol{x}\in\boldsymbol{X}_f,\ t\in\mathrm{R}\end{cases} \tag{5-7}
$$

其中 $\boldsymbol{\Phi\beta}$ 表示 CHIM 上的一个点(由 $\boldsymbol{\beta}$ 的取值决定)，它是以 $\boldsymbol{N}$ 为方向的射线($\boldsymbol{y}=\boldsymbol{\Phi\beta}+t\cdot\boldsymbol{N}$)的起点。通过改变权向量 $\boldsymbol{\beta}$，这个起点会不断在 CHIM(连接 $f(x_1^*)$ 和 $f(x_2^*)$ 的线段)上移动，然后求解 NBI 问题，可以得到不同的 Pareto 最优解。

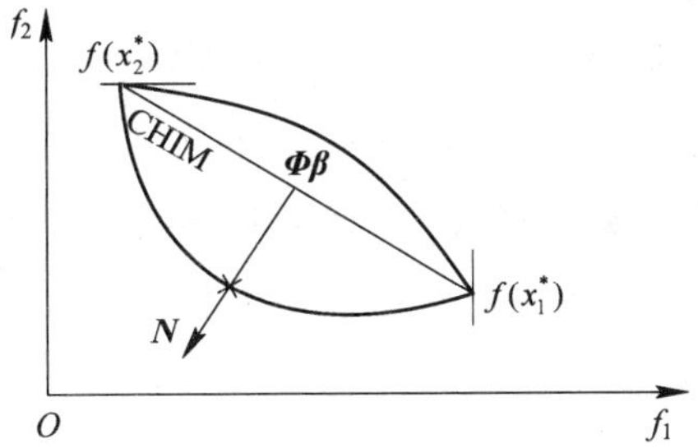

图 5.9　CHIM(连接 $f(x_1^*)$ 和 $f(x_2^*)$ 的线段)、$\boldsymbol{N}$、$\boldsymbol{\Phi\beta}$ 和对应解的示意图

NBI 方法的优点和缺点：

(1) 对于双目标优化问题，每一个 Pareto 最优解 $\boldsymbol{x}^*$ 对应一个 NBI 问题的一个解。

(2) 如果优化目标数多于两个，这个说法不一定正确。

(3) 如果 $\bar{Y}_f(f(X_f))$ 的图像是非凸的，NBI 问题的解可能不是 Pareto 最优解(甚至不一定是局部 Pareto 最优解)。

5.3　多目标进化算法

相比较传统的多目标优化算法只能求解一个或少数几个 Pareto 最优解来说，进化算法是一种寻找 Pareto 最优解的有效方法，它是一类借助生物学中遗传和进化机制的基于种群的智能优化算法。在进化算法的执行过程中，采用了交叉、变异等进化算子来实现种群的更新，从而在全局范围内搜索问题所对应的最优种群。这种基于种群的方法能够很好地应用到求解多目标优化的问题中，而由此衍生的多目标进化算法(Multi-Objective Evolutionary Algorithms，MOEA)成为了进化算法的一个新的领域和研究热点，得到了国内外学者的广泛关注。

1967 年，Rosenberg 首先提出了采用进化搜索的思路来求解多目标优化问题。十几年后，Schaffer 首次将遗传算法与多目标优化问题相结合，设计了矢量评价遗传算法(Vector-Evaluated Genetic Algorithms，VEGA)。1989 年，Goldberg 在其发表的著作 *Genetic Algorithms for Search，Optimization，and Machine Learning* 中将进化算法与经济学中的 Pareto 理论相结合来求解多目标优化问题，为后续研究提供了重要的理论指导。目前，对于一般多目标进化算法的研究主要分为两个阶段。

(1) 第一代多目标进化算法。受 Goldberg 思想的启发，第一代多目标进化算法主要采用小生境技术和非支配排序的方法对个体进行适应度赋值。其具体操作过程是：将当前种群中的非支配个体挑出并赋予最高等级，记为 1；接下来将剩余种群中的非支配个体挑出并赋予次高等级，记为 2；此过程反复执行直到种群中每个个体都进行了赋值为止。为了有效地预防早熟收敛，第一代进化算法通过适应度共享的小生境技术来维持种群的多样性，代表算法有 MOGA、NSGA 等。

(2) 第二代多目标进化算法。第二代多目标进化算法的主要特征是精英保留策略的引入，其主要思想是在算法中通过外部归档集合来保留非支配解。例如，SPEA (Strength Pareto Evolutionary Algorithm)及其改进算法 SPEA2、NSGA Ⅱ (improved Non-dominated Sorting Genetic Algorithm)算法均采用了精英保留策略。

在多目标优化问题的求解过程中，进化算法通过适应度函数引导群体 Pareto 最优前沿收敛，在设计算法时需要考虑下面两个方面：一是算法的收敛性，即希望算法的求解过程是一个不断逼近 Pareto 最优解集的过程；二是算法的分布性，即要求所求出的 Pareto 最优解集中的非支配解尽可能均匀且宽广地分布在目标函数空间中。下面我们将介绍两种经典的多目标进化算法。

5.3.1 NSGA Ⅱ 算法[7]

NSGA Ⅱ 是 Deb 提出的带精英策略的非支配排序的遗传算法，它的基本思想为：首先，随机产生规模为 N 的初始种群，非支配排序后通过遗传算法的选择、交叉、变异三个基本操作生成第一代子代种群；其次，从第二代开始，将父代种群与子代种群合并，进行快速非支配排序，同时对每个非支配层中的个体进行拥挤度计算，根据非支配关系以及个体的拥挤度选取合适的个体组成新的父代种群；最后，通过遗传算法的基本操作产生新的子代种群。依此类推，直到满足程序结束的条件。

在这个过程中，非支配集合的构造和个体的拥挤度计算是 NSGA Ⅱ 的两个核心创新点。

1. 非劣分层排序

(1) 找出种群中非支配解的个体，即 $n_i=0$(n_i表示种群中所有个体中支配个体 i 的数目)的个体，将非支配个体放入集合 F_1中。

(2) 对于 F_1中的每个个体，找出集合中每个个体所支配个体集合 S_i，对 S_i中的个体 l，对 n_l进行减 1 操作，令 $n_l=n_l-1$，若 n_l大小为 0，则将此个体存放在集合 H 中。这个步骤的目的是消除已经挑选出的前沿中个体的影响，方便对剩下的个体进行排序。

(3) 定义集合 F_1 为第一层非支配集合，并为 F_1 中每个个体标记相同的非支配序列 i_{rank}。

(4) 对集合 H 中的个体，按照以上(1)、(2)和(3)操作，直至将所有个体分层。

2. 拥挤度距离计算

NSGA Ⅱ 采用了拥挤度策略，即计算同一非支配层级中某给定个体周围其他个体的密度，每个个体的拥挤距离通过计算与其相邻的两个个体在每个子目标函数上的距离差之和来求取。

5.3.2 MOEA/ D 算法[8]

MOEA/D 有效地结合了进化算法和传统数学规划方法，通过一个尺度化函数将多目标问题划分成若干个单目标优化的子问题进行求解。这里，每个子问题的目标函数均是一个由特定权向量所对应的聚合函数，然后通过进化算法求解出每个子问题的最优解来构成最终的非支配解集合。

1. MOEA/D 的分解策略

MOEA/D 分别采用加权和法、切比雪夫法和边界交集法将多目标问题分解成若干个单目标子问题，利用进化算法同时进行求解。例如，当采用切比雪夫分解方法时，MOEA/D 将多目标优化问题转化为如下形式的单目标子问题，MOEA/D 同时优化 N 个单目标子问题：

$$\min g(\boldsymbol{x} \mid \boldsymbol{\lambda}^i, \boldsymbol{z}^*) = \max_{1\leqslant j\leqslant m}(\boldsymbol{\lambda}_j^i \mid f_j(\boldsymbol{x}) - z_j^* \mid) \qquad (i=1, 2, \cdots, N) \tag{5-8}$$

其中 z_j^* 为理想点，$z_j^* = \min\{f_j(\boldsymbol{x}) \mid \boldsymbol{x} \in [l, u], j=1, 2, \cdots, m\}$。

针对问题(5-1)的每个 Pareto 最优解 $\boldsymbol{x}^*$，一定与之对应着一个由权向量 $\boldsymbol{\lambda}^i$ 所确定的单目标优化的子问题(5-8)，使 $\boldsymbol{x}^*$ 是该问题的最优解；反之，每个权向量所确定的单目标问题(5-8)的最优解亦是多目标问题(5-1)的 Pareto 最优解。所以，我们可以通过设置不同权向量的方式来求出所有单目标子问题的最优解，从而获得多目标问题的 Pareto 最优解集合。

在 MOEA/D 中，每个子问题均对应着一个权向量，不同的权向量将引导算法朝着目标空间的不同区域进行搜索，权向量分布在某种程度上决定了算法所求得的 Pareto 最优解集的分布。MOEA/D 采用了单纯形格子点[6]法来设置权向量的分布，该方法使用特定的参数来控制权向量 $\boldsymbol{\lambda}^i(i=1, 2, \cdots, N)$ 和群体规模 N 的设置，权向量数目，即所有单目标优化的子问题的数目为 $N=\mathrm{C}_{H+m-1}^{m-1}$。每个子问题通过与其邻域范围内个体共同进化来完成个体的更新与寻优。

2. MOEA/D 的算法流程

算法 5.1 MOEA/D 算法。

输入：

(1) 多目标优化问题；

(2) 算法停止准则；

(3) N：MOEA/D 所分解的子问题个数，即权向量数目；

(4) 一组权向量 $\boldsymbol{\lambda}^1, \cdots, \boldsymbol{\lambda}^N$；

(5) 权向量的邻居个数 T。

输出：非支配解集 EP。

步骤 1 初始化。

(1) 令 $\mathrm{EP}=\varnothing$。

(2) 计算任意两个权向量的欧氏距离，并在权向量集合中计算出每个权向量最近的 T 邻居向量。对于每个子问题 i 对应的权向量 $\boldsymbol{\lambda}^i(i=1, 2, \cdots, N)$，其邻居向量的索引号为 $B(i)=\{i_1, i_2, \cdots, i_T\}$，也就是说，$\boldsymbol{\lambda}^i$ 对应的邻居向量是 $\boldsymbol{\lambda}^{i_1}, \cdots, \boldsymbol{\lambda}^{i_T}$。

(3) 随机生成初始化种群 $\boldsymbol{x}^1, \boldsymbol{x}^2, \cdots, \boldsymbol{x}^N$，设 $\mathrm{FV}^i=F(\boldsymbol{x}^i)$，$(i=1, 2, \cdots, N)$。

(4) 采用基于问题的特定方法初始化 $\boldsymbol{z}=(z_1, \cdots, z_m)^{\mathrm{T}}$。

步骤 2 更新操作。对于每个子问题 $i=1, 2, \cdots, N$，执行：

(1) 交叉操作：从 $B(i)=\{i_1, i_2, \cdots, i_T\}$ 中随机选出两个邻居 k、l，然后通过其所对应的两个个体 $\boldsymbol{x}^k$、$\boldsymbol{x}^l$ 通过进化操作生成新解 y。

(2) 变异操作：应用问题特定的修正或启发式的改进策略作用于 y 生成 y'。

(3) 更新 z：若 $z_j < f_j(y')$，则 $z_j = f_j(y')$ $(j=1, 2, \cdots, m)$。

(4) 更新邻居个体：若 $g^{te}(y' \mid \lambda^j, z) \leqslant g^{te}(\boldsymbol{x}^j \mid \boldsymbol{\lambda}^j, z)$（其中 $j \in B(i)$），则 $x^j = y'$。

(5) 更新 EP：将 EP 中所有被 $F(y')$ 支配的解移出 EP；若 $F(y')$ 不被 EP 中的任意解支配，则将 $F(y')$ 移入 EP。

步骤 3　停止判断。若满足停止准则，算法停止，输出 EP；否则，返回步骤 2。

5.4　多目标优化测试问题[1, 9, 10]

由于多目标进化算法很难从理论上证明其性能，只能通过实验仿真来测试，因此为了对算法进行评估和比较，研究者相继设计和构造了许多多目标优化问题的测试集，每个测试集都包含了明确的函数表达式及其特征。本节将介绍三类常用的多目标优化测试问题，这些问题决策变量的规模都是任意可变的，并且可以通过相应的参数调整来控制解集对 PF_{true} 的收敛性和分布性。

5.4.1　测试函数集合 ZDT

ZDT 测试集是 Deb 设计的包含两个目标的多目标优化测试函数，这组测试问题的决策变量个数是任意可变的，而最优前沿 PF_{true} 的几何特征能够根据函数的设置呈现出凸的、凹的、不连续等特性。在 ZDT1～ZDT6 这 6 个测试问题中，只有 ZDT5 的 PF_{true} 对应的 $g(x)=10$，其他问题的 PF_{true} 对应的 $g(x)=1$。

$$
\text{ZDT1:}\begin{cases}
\min f_1(x_1) = x_1 \\
\min f_2(\boldsymbol{x}) = g\left(1-\sqrt{\dfrac{f_1}{g}}\right) \\
g(\boldsymbol{x}) = 1 + \dfrac{9\sum\limits_{i=2}^{m} x_i}{m-1} \\
\text{s.t. } 0 \leqslant x_i \leqslant 1,\ m = 30
\end{cases}
$$

$$
\text{ZDT2:}\begin{cases}
\min f_1(x_1) = x_1 \\
\min f_2(\boldsymbol{x}) = g\left(1 - \left(\dfrac{f_1}{g}\right)^2\right) \\
g(\boldsymbol{x}) = 1 + \dfrac{9\sum\limits_{i=2}^{m} x_i}{m-1} \\
\text{s. t.}\quad 0 \leqslant x_i \leqslant 1,\ m = 30
\end{cases}
$$

$$
\text{ZDT3:}\begin{cases}
\min f_1(x_1) = x_1 \\
\min f_2(\boldsymbol{x}) = g\left(1 - \sqrt{\dfrac{f_1}{g}} - \dfrac{f_1}{g}\sin(10\pi f_1)\right) \\
g(\boldsymbol{x}) = 1 + \dfrac{9\sum\limits_{i=2}^{m} x_i}{m-1} \\
\text{s. t.}\quad 0 \leqslant x_i \leqslant 1,\ m = 10
\end{cases}
$$

$$
\text{ZDT4:}\begin{cases}
\min f_1(x_1) = x_1 \\
\min f_2(\boldsymbol{x}) = g\left(1 - \sqrt{\dfrac{f_1}{g}}\right) \\
g(\boldsymbol{x}) = 1 + 10(m-1) + \sum\limits_{i=2}^{m} (x_i^2 - 10\cos(4\pi x_i)) \\
\text{s. t.}\ 0 \leqslant x_1 \leqslant 1,\ -5 \leqslant x_i \leqslant 5,\ m = 10 \qquad (i = 2, 3, \cdots, m)
\end{cases}
$$

$$
\text{ZDT5:}\begin{cases}
\min f_1(x_1) = 1 + u(x_1) \\
\min f_2(\boldsymbol{x}) = \dfrac{g}{f_1} \\
g(\boldsymbol{x}) = \sum\limits_{i=2}^{m} v(u(x_i)) \\
\text{s. t.}\ 0 \leqslant x_i \leqslant 1,\ m = 11 \\
v(u(x_i)) = \begin{cases} 2 + u(x_i) & u(x_i) < 5 \\ 1 & u(x_i) = 5 \end{cases}
\end{cases}
$$

$$
\text{ZDT6:}\begin{cases}\min f_1(x_1)=1-\exp(-4x_1)\sin^6(6\pi x_1)\\ \min f_2(\boldsymbol{x})=g\left(1-\left(\dfrac{f_1}{g}\right)^2\right)\\ g(x)=1+9\left[\sum\limits_{i=2}^{m}\dfrac{x_i}{m-1}\right]^{0.25}\\ \text{s. t. }\ 0\leqslant x_i\leqslant 1,\ m=10\end{cases}
$$

5.4.2 测试函数集合 DTLZ

DTLZ 测试集是 Deb 等人提出的目标函数个数可以任意扩展的一类通用测试问题，下面将详细描述其构造过程。

1. DTLZ1

DTLZ1 是具有线性 Pareto 最优边界的测试问题，其函数表达式如下：

$$
\begin{cases}\min f_1(\boldsymbol{x})=\dfrac{1}{2}x_1x_2\cdots x_{M-1}(1+g(\boldsymbol{x}))\\ \min f_2(\boldsymbol{x})=\dfrac{1}{2}x_1x_2\cdots(1-x_{M-1})(1+g(\boldsymbol{x}))\\ \quad\vdots\\ \min f_{M-1}(\boldsymbol{x})=\dfrac{1}{2}x_1(1-x_2)(1+g(\boldsymbol{x}))\\ \min f_M(\boldsymbol{x})=\dfrac{1}{2}(1-x_1)(1+g(\boldsymbol{x}))\\ g(\boldsymbol{x})=100\left[\,|x_M|+\sum\limits_{x_i\in X_M}(x_i-0.5)^2-\cos(20\pi(x_i-0.5))\right]\\ \text{s. t. }\ 0\leqslant x_i\leqslant 1\qquad (i=1,2,\cdots,n)\end{cases}
$$

在表达式中，决策变量的后 $k=n-M+1$ 个变量表示为 x_M。该测试问题取得 Pareto 最优边界时，对应着属于 x_M 的所有 x_i 的值都为 0.5，最优边界是 $\sum\limits_{m=1}^{M} f_m^*=1$ 的线性超平面。

2. DTLZ2

DTLZ2 的最优边界所有 x_i 的值都为 0.5，最优边界满足 $\sum\limits_{m=1}^{M}(f_m^*)^2=1$，该问题用来测试一个进化算法在增加目标个数时的运算能力。

$$\begin{cases} \min f_1(\boldsymbol{x}) = \cos\left(\dfrac{\pi}{2}x_1\right)\cos\left(\dfrac{\pi}{2}x_2\right)\cdots\cos\left(\dfrac{\pi}{2}x_{M-1}\right)(1+g(\boldsymbol{x})) \\ \min f_2(\boldsymbol{x}) = \cos\left(\dfrac{\pi}{2}x_1\right)\cdots\cos\left(\dfrac{\pi}{2}x_{M-2}\right)\sin\left(\dfrac{\pi}{2}x_{M-1}\right)(1+g(\boldsymbol{x})) \\ \quad\vdots \\ \min f_M(\boldsymbol{x}) = \sin\left(\dfrac{\pi}{2}x_1\right)(1+g(\boldsymbol{x})) \\ g(\boldsymbol{x}) = \sum\limits_{x_i \in X_M}(x_i - 0.5)^2 \\ \text{s.t.}\ \ 0 \leqslant x_i \leqslant 1 \qquad (i=1,2,\cdots,n) \end{cases}$$

3. DTLZ3

DTLZ3 通过在搜索空间引入 3^k-1 局部最优解来测试一个进化算法收敛到全局 Pareto 最优边界的能力，当 $x_i=0.5$ ($x_i \in X_M$)，$g=0$ 时，该问题达到全局最优边界。

$$\begin{cases} \min f_1(\boldsymbol{x}) = \cos\left(\dfrac{\pi}{2}x_1\right)\cos\left(\dfrac{\pi}{2}x_2\right)\cdots\cos\left(\dfrac{\pi}{2}x_{M-1}\right)(1+g(\boldsymbol{x})) \\ \min f_2(\boldsymbol{x}) = \cos\left(\dfrac{\pi}{2}x_1\right)\cdots\cos\left(\dfrac{\pi}{2}x_{M-2}\right)\sin\left(\dfrac{\pi}{2}x_{M-1}\right)(1+g(\boldsymbol{x})) \\ \quad\vdots \\ \min f_M(\boldsymbol{x}) = \sin\left(\dfrac{\pi}{2}x_1\right)(1+g(\boldsymbol{x})) \\ g(\boldsymbol{x}) = 100\left[\,|\,x\,| + \sum\limits_{x_i \in x}^{m}(x_i - 0.5)^2 - \cos(20\pi(x_i - 0.5))\right] \\ \text{s.t.}\ \ 0 \leqslant x_i \leqslant 1 \qquad (i=1,2,\cdots,n) \end{cases}$$

4. DTLZ4

DTLZ4 是用来验证进化算法能否保持解的良好分布度的能力，一般来说，在表达式中，建议参数 $\alpha=100$。

$$
\begin{cases}
\min f_1(\boldsymbol{x}) = \cos\left(\frac{\pi}{2}x_1^{\alpha}\right)\cos\left(\frac{\pi}{2}x_2^{\alpha}\right)\cdots\cos\left(\frac{\pi}{2}x_{M-1}^{\alpha}\right)(1+g(\boldsymbol{x})) \\
\min f_2(\boldsymbol{x}) = \cos\left(\frac{\pi}{2}x_1^{\alpha}\right)\cdots\cos\left(\frac{\pi}{2}x_{M-2}^{\alpha}\right)\sin\left(\frac{\pi}{2}x_{M-1}^{\alpha}\right)(1+g(\boldsymbol{x})) \\
\quad\vdots \\
\min f_M(\boldsymbol{x}) = \sin\left(\frac{\pi}{2}x_1^{\alpha}\right)(1+g(\boldsymbol{x})) \\
g(\boldsymbol{x}) = \sum_{x_i \in X_M} (x_i - 0.5)^2 \\
\text{s.t.}\ 0 \leqslant x_i \leqslant 1 \qquad (i = 1, 2, \cdots, n)
\end{cases}
$$

5. DTLZ5 和 DTLZ6

DTLZ5 用于测试进化算法收敛到一条曲线的能力，当 $x_i=0.5$ 时（$x_i \in X_M$），该问题达到全局最优边界。DTLZ6 对 DTLZ5 中的函数 g 进行了修改，该问题的最优边界和 DTLZ5 一样。

$$
\begin{cases}
\min f_1(\boldsymbol{x}) = \cos\left(\frac{\pi}{2}\theta_1\right)\cos\left(\frac{\pi}{2}\theta_2\right)\cdots\cos\left(\frac{\pi}{2}\theta_{M-1}\right)(1+g(\boldsymbol{x})) \\
\min f_2(\boldsymbol{x}) = \cos\left(\frac{\pi}{2}\theta_1\right)\cdots\cos\left(\frac{\pi}{2}\theta_{M-2}\right)\sin\left(\frac{\pi}{2}\theta_{M-1}\right)(1+g(\boldsymbol{x})) \\
\quad\vdots \\
\min f_M(\boldsymbol{x}) = \sin\left(\frac{\pi}{2}\theta_1\right)(1+g(\boldsymbol{x})) \\
\theta_i = \frac{\pi}{4(1+g(x_M))}(1+2g(X_M)x_i) \\
g(\boldsymbol{x}) = \sum_{x_i \in X_M} (x_i - 0.5)^2 \\
\text{s.t.}\ 0 \leqslant x_i \leqslant 1 \qquad (i = 1, 2, \cdots, n)
\end{cases}
$$

6. DTLZ7

DTLZ7 是一个具有不连续 Pareto 最优边界的测试问题，该测试问题在搜索空间中分布着 $2M-1$ 个离散的 Pareto 最优边界，该问题能够检验一个算法使最优个体在不同 Pareto 最优边界保持较好分布度的能力。

$$
\begin{cases}
\min f_1(\boldsymbol{x}) = x_1 \\
\min f_2(\boldsymbol{x}) = x_2 \\
\quad\vdots \\
\min f_{M-1}(\boldsymbol{x}) = x_{M-1} \\
\min f_M(\boldsymbol{x}) = (1+g(x))h(f_1, \cdots, f_{M-1}, g) \\
g(x_M) = 1 + \dfrac{9}{|x_M|}\sum\limits_{x_i \in x_M} x_i \\
h(f_1, \cdots, f_{M-1}, g) = M - \sum\limits_{i=1}^{M-1}\left[\dfrac{f_i}{1+g}(1+\sin(3\pi f_i))\right] \\
\text{s.t. } 0 \leqslant x_i \leqslant 1 \qquad (i = 1, 2, \cdots, n)
\end{cases}
$$

5.5　多目标优化算法度量指标

度量指标的主要目的就是比较一组多目标优化算法的性能，从多个多目标优化算法中选取理想的算法模型。多目标优化算法性能指标很多，主要是度量算法所处的解集分布是否均匀和宽广，是否接近于真实的 Pareto 前沿。

1. 常用度量指标

若知道真正的 Pareto 前沿或其上的一组分布均匀的解，则常用的两个度量指标如下。

1) GD(Generation Distance)指标[11]

设 P 为真实的 Pareto Front 解集(或为 Pareto Front 上均匀分布的一个有限子集)，A 为算法求出近似的非支配解集或者非劣解集，f_1，f_2，…，f_m 为目标函数。d_i 表示 A 中第 i 个解 $F(x_i)=(f_1(x_i), f_2(x_i), \cdots, f_m(x_m))$ 到 P 的最小规范化距离，数学表达式如下：

$$
d_i = \min_{F(p_j)\in P}\sqrt{\sum_{k=1}^{m}\left(\frac{f_k(x_i)-f_k(p_j)}{f_k^{\max}-f_k^{\min}}\right)^2} \tag{5-9}
$$

$F(x_i)=(f_1(x_i), f_2(x_i), \cdots, f_m(x_m))\in A$；$f_k^{\max}$ 和 $f_k^{\min}$ 分别是第 k 个目标函数在 P 中的最大值和最小值。

$$
\mathrm{GD}(A, P) = \frac{1}{|A|}\sum_{i=1}^{|A|} d_i \tag{5-10}
$$

其中 $|A|$ 为 A 中解的个数，一般地，对同一个 P，GD 值越小，说明 A 越好。

2) IGD(Inverted Generation Distance)指标[12]

IGD的度量方式与GD的度量方式刚好相反，因此IGD不仅可以度量所得解集的收敛性，而且还可以度量所得解集的均匀性。其数学表达式如下：

$$\bar{d}_i = \min_{F(x_j)\in A} \sqrt{\sum_{k=1}^{m} \left(\frac{f_k(p_i) - f_k(x_j)}{f_k^{\max} - f_k^{\min}} \right)^2} \tag{5-11}$$

$$\mathrm{IGD}(A, P) = \frac{1}{|P|} \sum_{i=1}^{|P|} \bar{d}_i \tag{5-12}$$

其中，$\bar{d}_i$ 是 P 中第 i 个解集到 A 的最小规范化距离；$f_k^{\max}$ 和 $f_k^{\min}$ 分别是第 k 个目标函数在 P 中的最大值和最小值。

2. 其他度量指标

若事前不知道真正的Pareto前沿或其一组均匀分布的解，则如下的三个性能度量也是常用的。

1) C-度量 (The Coverage Metric)[13]

设 A 和 B 是两个算法找到的近似Pareto解集，假设两个解集所含解的个数是相同的，则C-度量把这个解集对 (A, B) 映射成区间 $[0, 1]$ 的一个值：

$$\mathrm{C}(A, B) = \frac{|\{b \in B \mid \exists a \in A, a \text{ covers } b\}|}{|B|} \tag{5-13}$$

它表示 B 中多少比例的解会被 A 里的解弱支配(covered)。$C(A, B)=1$，意味着 B 中所有解都会被 A 里的解弱支配；$C(A, B)=0$，表示 B 中没有解被 A 中解弱支配。注意 $C(A, B)$ 不一定等于 $1-C(A, B)$。一般地，若 $C(A, B)<C(B, A)$，则 A 比 B 好。

【注】

(1) 解 x 弱支配(cover) y：若 $f_i(x) \leqslant f_i(y) \quad (i = 1, 2, \cdots, m)$。

(2) 若 A、B 含解的个数不同或有一个解集里解在目标空间的分布不均匀，则C度量结果可能不正确。

2) H-度量(Hypervolume)[13]

假设算法求得一个近似解集为 A，则 A 在目标函数空间覆盖(Cover)的体积(两个目标时是面积，三个目标时是体积，超过三个目标时是超体积)记为 $V(A)$。两个和三个目标时，$V(A)$ 比较容易计算，超过三个目标时 $V(A)$ 的具体计算比较复杂，请参考相关文献。

3) U-度量[14]

假设要度量一个算法所求的解集(在目标空间) $F(x_1)$，$F(x_2)$，…，$F(x_s)$ 分布的均匀性和宽广性。记 $F_k = F(x_k) = (f_1(x_k), f_2(x_k), \cdots, f_m(x_k))$ $(k = 1, 2, \cdots, s)$，则 U -度量计算步骤如下：

第一步，确定每个目标 $f_i(x)$ 的上、下界 U_i 和 L_i，即

$$L_i \leqslant f_i(x) \leqslant U_i \qquad (i = 1, 2, \cdots, m)$$

第二步，在目标空间定义 m 个参考点 $F_{s+1}, F_{s+2}, \cdots, F_{s+m}$ 如下：

$$F_{s+1} \triangleq (f_1(x_{s+1}), f_2(x_{s+1}), \cdots, f_m(x_{s+1})) = (U_1, L_2, L_3, \cdots, L_m)$$

$$F_{s+2} \triangleq (f_1(x_{s+2}), f_2(x_{s+2}), \cdots, f_m(x_{s+2})) = (L_1, U_2, L_3, \cdots, L_m)$$

……

$$F_{s+m} \triangleq (f_1(x_{s+m}), f_2(x_{s+m}), \cdots, f_m(x_{s+m})) = (L_1, L_2, \cdots, L_{m-1}, U_m)$$

第三步，定义 F_k 与 $F_{k'}$ 的距离。对 $x = x_1, x_2, \cdots, x_{s+m}$，令

$$g_i(x) = \frac{f_i(x) - L_i}{U_i - L_i} \qquad (i = 1, 2, \cdots, m)$$

定义 F_k 与 $F_{k'}$ 的距离如下：

$$d(F_k, F_{k'}) = \left\{ \sum_{i=1}^{m} [g_i(x_k) - g_i(x_{k'})] \right\}^{\frac{1}{2}}$$

第四步，确定每个解 $F_k = F(x_k)$ 的左右最近邻点 $(k = 1, 2, \cdots, s)$。

对 F_k 的第 i 个分量 $(i = 1, 2, \cdots, m)$，在 $F_1, F_2, \cdots, F_{s+m}$ 中找 F_k 的左右最近邻点 $F_{k'}^i$ 和 $F_{k''}^i$ 如下：

$F_{k'}^i = f_1(x_{k'}), f_2(x_{k'}), \cdots, f_m(x_{k'})$，其中 $f_i(x_{k'}) < f_i(x_k)$ 且 $d(F_k, F_{k'})$ 最小。

$F_{k''}^i = f_1(x_{k''}), f_2(x_{k''}), \cdots, f_m(x_{k''})$，其中 $f_i(x_{k''}) > f_i(x_k)$ 且 $d(F_k, F_{k''})$ 最小。

第五步，计算 $F_1, F_2, \cdots, F_s$ 的 U -度量。

(1) 对于每个 F_k，计算 F_k 与其所有最近邻点(共 $2m$ 个)的平均距离：

$$\overline{d_k} = \frac{1}{2m} \sum_{i=1}^{m} [d(F_k, F_{k'}) - d(F_k, F_{k''})], \qquad (k = 1, 2, \cdots, s)$$

(2) 计算 $d_1, d_2, \cdots, d_s$ 的平均值：

$$\bar{d} = \frac{1}{s} \sum_{k=1}^{s} d_k$$

(3) 解集 $SS = \{F_1, F_2, \cdots, F_{s+m}\}$ 的 U -度量定义为

$$U(SS) = \frac{1}{s} \sum_{k=1}^{s} \left| \frac{d_k}{\bar{d}} - 1 \right|$$

【注】 $U(SS)$越小，解集 $SS=\{F_1, F_2, \cdots, F_{s+m}\}$ 中的解分布越均匀、越宽广。

参考文献

[1] 郑金华. 多目标进化优化[M]. 北京：科学出版社，2017.

[2] 赵佳琦. 多目标学习算法及其应用[M]. 北京：科学出版社，2020.

[3] MIETTINEN K. Nonlinear Multiobjective Optimization. Norwell [M]. MA: Kluwer, 1999.

[4] EHRGOTT M, RUZIKA S. Improved ε-Constrained Method for Multiobjective Programming[J]. Journal of Optimization Theory and Application, 2008, 138(3): 375 - 396.

[5] OLSON D L. Tchebycheff norms in multi-objective linear programming [J]. Mathematical and Computer Modeling, 1993, 17(1): 113 - 124.

[6] DAS I, DENNIS J E. Normal boundary intersection: A new method for generating Pareto optimal points in multicriteria optimization problems[J]. SIAM Journal of Optimization, 1998, 8(3): 631 - 657.

[7] DEB K, PRATAP A, AGARWAL S, MEYARIVAN T. A fast and elitist multiobjective genetic algorithm: NSGA-II[J]. IEEE Trans. Evol. Comput. 2002, 6(2): 182 - 197.

[8] ZHANG Q, LI H. MOEA/D: a multiobjective evolutionary algorithm based on decomposition[J]. IEEE Trans. Evol. Comput., 2007, 11(6): 712 - 731.

[9] DEB K, THIELE L, LAUMANNS M, ZITZLER E. Scalable test problems for evolutionary multiobjective optimization[C]. Proceedings of the 2002 IEEE Congress on Evolutionary Computation (CEC 2002), IEEE, 2002: 825 - 830.

[10] HUBAND S, BARONE L, WHILE L, HINGSTON P. A scalable multi-objective test problem toolkit [C]. Proceedings of the 3rd International Conference on Evolutionary Multi-Criterion Optimization (EMO 2005), Springer, Berlin, Heidelberg, 2005: 280 - 295.

[11] VAN VELDHUIZEN A, LAMONT G B. Multiobjective evolutionary algorithm

test suites[C]. Proceedings of the 1999 ACM symposium on applied computing, New York: ACM Press, 1999, 351 - 357.

[12] ZITLER E. THIELE L, LAUMANNS M, et al. Performance assessment of multiobjective optimizers: an analysis and review[J]. IEEE Trans. On Evolutionary Comoutation, 2003, 7(2): 117 - 132.

[13] ZITLER E. THIELE L, LAUMANNS M. Multi-Objective algorithms: A comparative case study and strength Pareto approach [J]. IEEE Trans. On Evolutionary Comoutation, 1993, 3(4): 257 - 271.

[14] LEUNG Y W, WANG Y, P. U-measure: a quality measure for multi-objective programming[J]. IEEE Trans. SMC-Part A: Systems and Humans, 2003, 33(3): 337 - 343.

补充阅读材料

第六章　离散优化问题

6.1　一些实际问题的离散优化模型

实际应用领域的许多工程优化问题的数学规划模型如果具有决策变量(或者部分决策变量)只能取自于一个离散的集合的特征，这个离散的集合可能是有限个或者是可列无限个(如整数全体)，这类模型称为离散优化模型。本节将介绍几个实际应用领域的离散优化模型。

6.1.1　最小费用流问题[1-2]

设有 n 个城市连接而成的一个公路网，城市的集合记为 $V=\{1, 2, \cdots, n\}$，每两个城市 i 和 j 之间都有一条路相连。从城市 i 运送一个货物到城市 j 所花费用为 c_{ij}，每个城市 i 都有一个供应(需求)量 b_i：若 $b_i>0$，则表示城市 i 有供应量 b_i；若 $b_i<0$，则表示城市 i 有需求量 $-b_i$；若 $b_i=0$，表示城市 i 为一个中转城市。现要确定每条弧 (i, j) 上运送的货物量 x_{ij}，在满足每个顶点的总供应(需求)量为 b_i 的条件下使总费用最少，其中 $l_{ij}\leqslant x_{ij}\leqslant u_{ij}$。

上述问题的数学模型如式(6-1)所示，此问题为整数线性规划。

$$\begin{cases}\min \sum\limits_{i,\, j\in V} c_{ij}x_{ij} \\ \text{s.t.}\quad \sum\limits_{j\in V}x_{ij}-\sum\limits_{j\in V}x_{ji}=b_i, \quad i\in V \\ \qquad x_{ij}=0, 1, 2, \cdots, \text{且 } l_{ij}\leqslant x_{ij}\leqslant u_{ij}\end{cases} \tag{6-1}$$

6.1.2　最短路问题[1-2]

已知一个图 $G=(V, E)$，$V=\{1, 2, \cdots, n\}$ 为顶点集，弧 (i, j) 的长度为 c_{ij}，现要求从一个顶点 s 到一个顶点 t 的最短路径。

【分析】 若对每一个顶点 i 定义一个数 b_i，当 $i=s$，则令 $b_s=1$；当 $i=t$，则令 $b_t=-1$；当 $i\neq s,\ t$，则令 $b_i=0$。设

$$x_{ij}=\begin{cases}1 & (\text{若路径经过弧}(i,\ j))\\ 0 & (\text{否则})\end{cases}$$

则一条合法的路径应满足 $\sum_{j\in V}x_{ij}-\sum_{j\in V}x_{ji}=b_i(i\in V)$。($i=s$ 时只有一条弧离开 s，其他弧不会在此路中；$i=t$ 时，只有一条弧进入 t；对 $i\neq s,\ t$，只有一条弧进入，一条弧离开。)于是问题可化为式(6-2)，它是一个决策变量只能取 0 或 1 的 0-1 线性规划问题。

$$\begin{cases}\min \sum_{i,\ j\in V}c_{ij}x_{ij}\\ \text{s. t.}\ \ \sum_{j\in V}x_{ij}-\sum_{j\in V}x_{ji}=b_i, \quad i\in V\\ \quad x_{ij}=0\ \text{或}\ 1\end{cases} \tag{6-2}$$

6.1.3 指派问题[1-2]

现有 m 项任务指派 m 个人去完成，每个人水平不同，完成某项任务的时间(费用)不同，记第 i 个人完成第 j 项任务，花费时间为 c_{ij}，问怎样分派任务可使总时间(总费用)最少。

【分析】 令 $x_{ij}=\begin{cases}0, & (\text{若第}\ i\ \text{个人不被派去完成第}\ j\ \text{项任务})\\ 1, & (\text{否则})\end{cases}$，则问题可化为

$$\begin{cases}\min \sum_{i,\ j=1,\ 2,\ \cdots,\ m}c_{ij}x_{ij}\\ \text{s. t}\ \ \sum_{j=1}^{m}x_{ij}=1 \quad (i=1,\ 2,\ \cdots,\ m)\\ \quad \sum_{i=1}^{m}x_{ij}=1 \quad (j=1,\ 2,\ \cdots,\ m)\\ \quad x_{ij}=0\ \text{或}\ 1 \quad (i,\ j=1,\ 2,\ \cdots,\ m)\end{cases} \tag{6-3}$$

6.1.4 背包问题[1-2]

设有 n 种不同的设备，其单价为 $c_j(j=1,\ 2,\ \cdots,\ n)$，第 j 种设备的重量为 $a_j(j=1,\ 2,\ \cdots,\ n)$。若背包能容纳设备的总重量为 b，问怎样为背包选装设备才能使背包中的设备总价值最大？

解　设给背包装第 j 种设备数为 x_j 个，则问题为

$$\begin{cases}\max \sum_{j=1}^{n} c_j x_j \\ \text{s. t.} \ \sum_{j=1}^{n} a_j x_j \leqslant b \\ x_j \geqslant 0, \text{取整数} \qquad (j=1, 2, \cdots, n)\end{cases} \tag{6-4}$$

6.1.5　流水线调度问题[3-8]

设有 n 个零件 $J_1, J_2, \cdots, J_n$，依次在 m 台机器（m 道工序）$M_1, M_2, \cdots, M_m$ 上加工，各零件均依同一顺序通过每一台机器，零件 J_j 在机器 M_i 上的加工时间设为 a_{ij} $(j=1, 2, \cdots, n;\ i=1, 2, \cdots, m)$，每个机器在同一时间只能加工一个零件，现要寻找 $J_1, J_2, \cdots, J_n$ 的排列顺序，使按此顺序依次在 $M_1, M_2, \cdots, M_m$ 上加工的时间最短，此问题为流水线调度问题(Flow-Shop Scheduling Problem)。

【分析】　设零件 J_j 在机器 M_i 上加工的时间为 a_{ij} $(j=1, 2, \cdots, n;\ i=1, 2, \cdots, m)$，当给定零件的加工顺序 $J_w=(J_{w_1}, J_{w_2}, \cdots, J_{w_n})$ 时，$w=(w_1, w_2, \cdots, w_n)$ 为 $(1, 2, \cdots, n)$ 的一个排列。可写出如下的加工时间矩阵：

$$\boldsymbol{A}(w)=\begin{bmatrix} a_{1w_1} & a_{1w_2} & \cdots & a_{1w_n} \\ a_{2w_1} & a_{2w_2} & \cdots & a_{2w_n} \\ \vdots & \vdots & & \vdots \\ a_{mw_1} & a_{mw_2} & \cdots & a_{mw_n} \end{bmatrix} \tag{6-5}$$

定义 6.1（可行线）　将 $\boldsymbol{A}(w)$ 中的 a_{1w_1} 与 a_{mw_n} 用一条折线连接起来，此折线只能向右水平延伸或向下垂直延伸，其顶点只能是 a_{ij} $(j=1, 2, \cdots, n;\ i=1, 2, \cdots, m)$，这种折线称为对应于顺序 w 的一个可行线，记作 $l(w)$。

可行线可表示为

$$l(w)=(1, w_1)(1, w_2)\cdots, (1, w_{j_1})(2, w_{j_2})\cdots(2, w_{j_2})\cdots, (m, w_{j_{m-2}}), \cdots(m, w_{j_m}),$$
$$1 \leqslant j_1 \leqslant j_2 \leqslant \cdots \leqslant j_m = n \tag{6-6}$$

全体可行线的集合为 $\{l(w)\}$。

定义 6.2（可行和）　设 $l(w)$ 为一可行线，则称 $\sum_{(i, j)\in l(w)} a_{ij}$ 为对应于可行线 $l(w)$ 的可行和。

定理 6.1　设 $J_w=(J_{w_1}, J_{w_2}, \cdots, J_{w_n})$ 为一加工顺序，若每个零件均依次通过 $M_1, M_2, \cdots, M_m$，且诸零件在各机器上的加工顺序一致，则从 M_1 开始加工零件 J_{w_1} 起到

M_m 加工完 J_{w_n} 为止，这段时间长度 $T(w)$ 等于矩阵 $\mathbf{A}(w)$ 的所有可行和中最大者，即

$$T(w) = \max_{l(w)} \sum_{(i,\ j)\in l(w)} a_{ij} \tag{6-7}$$

证明 先对机器个数 m 用归纳法。当 $m = 2$ 时，

$$\max_{l(w)} \sum_{(i,\ j)\in l(w)} a_{ij} = \max_{1\leqslant s\leqslant n}\left\{\sum_{j=1}^{s} a_{1w_j} + \sum_{j=s}^{n} a_{2w_j}\right\} \tag{6-8}$$

对 n 用归纳法证明式(6-8)。$n = 1$ 时，

$$T(w) = a_{11} + a_{21}$$

故式(6-7)成立。

假设式(6-7)对 $n-1$ 成立，则对 n 不难看出，J_{w_n} 在 M_2 有两种情形：

情形(1)：J_{w_n} 在 M_2 上不需等待。此时有

$$\begin{aligned} T(w_1,\ w_2,\ \cdots,\ w_n) &= \sum_{j=1}^{n} a_{1w_j} + a_{2w_n} \\ &\geqslant T(w_1,\ w_2,\ \cdots,\ w_{n-1}) + a_{2w_n} \end{aligned}$$

故

$$T(w_1,\ w_2,\ \cdots,\ w_n) = \max\left\{T(w_1,\ w_2,\ \cdots,\ w_{n-1}) + a_{2w_n},\ \sum_{j=1}^{n} a_{1w_j} + a_{2w_n}\right\} \tag{6-9}$$

情形(1)的示意图如图 6.1 所示。

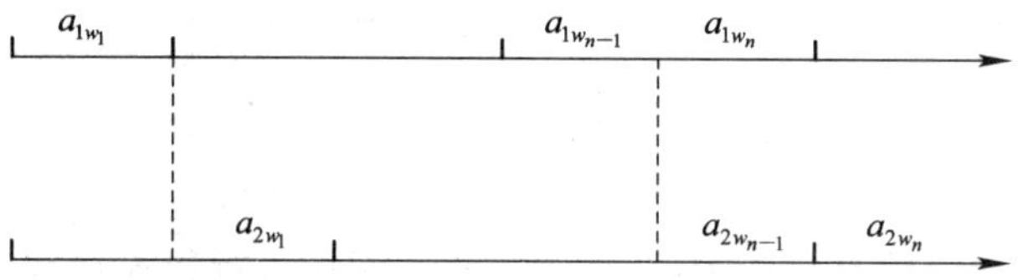

图 6.1 情形(1)的示意图

情形(2)：J_{w_n} 在 M_2 上不需要等待。此时有

$$\begin{aligned} T(w_1,\ w_2,\ \cdots,\ w_n) &= T(w_1,\ w_2,\ \cdots,\ w_{n-1}) + a_{2w_n} \\ &\geqslant \sum_{j=1}^{n} a_{1w_j} + a_{2w_n} \end{aligned}$$

故式(6-9)亦成立。

由归纳假设知：

$$T(w_1,\ w_2,\ \cdots,\ w_n) = \max\left\{\max_{1\leqslant s\leqslant n-1}\left\{\sum_{j=1}^{s} a_{1w_j} + \sum_{j=s}^{n-1} a_{2w_j}\right\} + a_{2w_n} + a_{2w_n} \sum_{j=1}^{n} a_{1w_j} + a_{2w_n}\right\}$$

$$= \max_{1 \leqslant s \leqslant n} \left\{ \sum_{j=1}^{s} a_{1w_j} + \sum_{j=s}^{n} a_{2w_j} \right\} = \max_{l(w)} \sum_{(i,\ j) \in l(w)} a_{ij}$$

故当 $m = 2$ 时，结论成立。

情形(2)的示意图如图 6.2 所示。

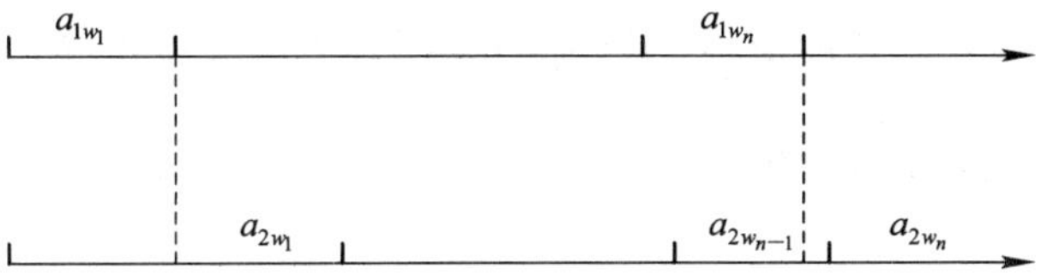

图 6.2　情形(2)的示意图

再对 m 用归纳法证明。假设式(6－7)对 m 成立，考虑顺序 $(J_{w_1}, J_{w_2}, \cdots, J_{w_n})$，记 J_{w_j} 在 M_m 上加工完毕的时间为 T_j，显然，$T_1 < T_2 < \cdots < T_n$，若我们把 $T_j - T_{j-1}$ 视为 J_{w_j} 在 M_m 上的加工时间 $(j \geqslant 2)$，T_1 视为 J_{w_1} 在 M_m 上的加工时间，且 J_{w_j} 在 M_{m+1} 上加工时间为 $a_{m+1,\ w_j}$ $(j = 1, 2, \cdots, n)$，则原来 $m+1$ 台机器上的排序问题可看成是只有两台机器 M_m 和 M_{m+1} 上的问题，于是有（$m = 2$ 时成立）：

$$\begin{aligned} T(w_1, w_2, \cdots, w_n) &= \max_{1 \leqslant s \leqslant n} \left\{ T_1 + \sum_{j=2}^{s} (T_j - T_{j-1}) + \sum_{j=s}^{n} a_{m+1,\ w_j} \right\} \\ &= \max_{1 \leqslant s \leqslant n} \left\{ T_s + \sum_{j=s}^{n} a_{m+1,\ w_j} \right\} \end{aligned} \tag{6-10}$$

T_s 为零件 $J_{w_1}, J_{w_2}, \cdots, J_{w_s}$ 经 $M_1, M_2, \cdots, M_m$ 加工所需的时间，由归纳假设（对 m 成立）知

$$T_s = \max_{l_s} \sum_{(i,\ j) \in l_s} a_{ij}$$

其中，l_s 为连接 a_{1w_1} 到 a_{mw_s} 的任一可行线。将 T_s 带入式(6－10)有

$$T(w_1, w_2, \cdots, w_n) = \max_{1 \leqslant s \leqslant n} \left\{ \max_{l_s} \sum_{(i,\ j) \in l_s} a_{ij} + \sum_{j=s} a_{m+1,\ w_j} \right\} \tag{6-11}$$

因连接 a_{1w_1} 到 $a_{m+1,\ w_n}$ 的任一可行线均可表示成 $\{l_s, (m+1, w_s), \cdots, (m+1, w_n)\}$ 的形式，故式(6－11)即为 $m+1$ 台机器时的式(6－7)，证毕。

根据定理 6.1 可知，流水线调度问题可建为如下的数学模型：

$$\min_{w} T(w) = \min_{w} \max_{l(w)} \sum_{(i,\ j) \in l(w)} a_{ij} \tag{6-12}$$

6.1.6　旅行商问题[9-11]

一个旅行商要访问 m 个城市，他从某一个城市出发，要找一条经过每个城市只一次且

最后返回到出发城市的闭合路径，使总路径最短，此问题为旅行商问题(Traveling Salesman Problem，TSP)。不难证明 TSP 是一个 NP -完全问题。

若每个城市用一个顶点表示，任两个城市之间的路用一条边来表示，边上的权值表示路长，以每个城市间的路径为边构造一个图 G，则 TSP 就是要在图中找一条经过所有顶点一次的一条封闭路径，使总长度最小。设矩阵 $\boldsymbol{C}=(c_{ij})$ 为 m 阶矩阵，c_{ij} 表示从城市 i 到城市 j 的距离，则问题可表示为：找出所有城市的一个排列 i_1，i_2，…，i_m，使得 $\sum_{j=1}^{m-1} c_{i_j i_{j+1}}+c_{i_n i_1}$ 最小。

定义 6.3(Hamilton 圈)　一个经过所有顶点只一次的封闭路径，称为一个 Hamilton 圈，因此，TSP 就是在图 G 中找一条总长最短的 Hamilton 圈。

定义 6.4(对称的 TSP)　若对 $\forall i, j$，都有 $c_{ij}=c_{ji}$，则称此 TSP 为对称的 TSP。此时，图是无向图，在图中寻找一条无向的封闭通路，使其经过每一个顶点且总长度最短。

定义 6.5(不对称的 TSP)　若 $\exists i, j$，使 $c_{ij} \neq c_{ji}$，此时可能不是双向的路径都存在，或是来回的距离不同，该图是有向图。我们的任务是在图中寻找一条有向的封闭路径，使其经过每个顶点只一次且总长最短。

定义 6.6(Euclidian TSP)　若 c_{ij} 是 i 与 j 之间的欧氏距离，TSP 称为 Euclidian TSP。

下面针对不对称的 TSP 建立对应的混合 0 - 1 线性规划模型[6-7](Mixed Zero-One Linear Programming，MZOLP)。考虑不对称 TSP，即 $\boldsymbol{C}$ 不必对称，$c_{ii}=M$，每个弧指定一个变量 x_{ij}，若 (i, j) 在路径中，令 $x_{ij}=1$；否则，令 $x_{ij}=0$。则 TSP 的数学模型可表示为

$$
\begin{cases}
\min \sum_{i,\, j=1}^{m} c_{ij} x_{ij} & & \\
\text{s.t. } \sum_{i=1}^{m} x_{ij}=1 & (j=1, 2, \cdots, m) & (1) \\
\sum_{j=1}^{m} x_{ij}=1 & (i=1, 2, \cdots, m) & (2) \\
y_i-y_j+(m-1) x_{ij} \leqslant m-2 & (i, j=1, 2, \cdots, m-1) & (3) \\
x_{ij}=0, 1 & (i, j=1, 2, \cdots, m-1) & \\
y_i \in R & (i=1, 2, \cdots, m) &
\end{cases}
\tag{6-13}
$$

这是一个混合 0 - 1 线性规划问题。条件(1)为对每个顶点 j，恰有一条弧进入该顶点；条件(2)为对每个顶点 i，恰有一条弧离开该顶点。满足条件(1)和(2)只能保证一条路径或

者是一条合法的路径，或者是由若干个互不相连的闭合子路径组成的一条不合法的路径。条件(3)的作用是排除路径由多个互不相连的闭合子路径组成的一条不合法路径的情形，即保证可行解一定是一条合法的路径，而且不排除任何合法的闭合路径。证明见第一章。

6.2　求解离散优化问题的一些方法

6.2.1　求解整数线性规划的割平面法[1-2]

上节介绍的最小费用流问题、最短路问题、指派问题和背包问题的数学模型均可以归结为如下的整数线性规划(Integral Linear Programming，ILP)问题：

$$(\text{ILP})\begin{cases}\max\ \boldsymbol{c}^{\mathrm{T}}\boldsymbol{x}\\ \text{s.t.}\ \ \boldsymbol{A}\boldsymbol{x}=\boldsymbol{b}\\ \qquad \boldsymbol{x}\geqslant 0，取整数\end{cases}\tag{6-14}$$

将问题(6－14)中 $\boldsymbol{x}$ 分量取整数的约束去掉，则问题(6－14)变为如下的线性规划(Linear Programming，LP)问题，称问题(6－15)为问题(6－14)的松弛 LP。

$$\begin{cases}\max \boldsymbol{c}^{\mathrm{T}}\boldsymbol{x}\\ \text{s.t.}\ \ \boldsymbol{A}\boldsymbol{x}=\boldsymbol{b},\ \boldsymbol{x}\geqslant 0\end{cases}\tag{6-15}$$

倘若用某种方法(如单纯形法)求解问题(6－15)的最优解为 $\boldsymbol{x}^*$，若 $\boldsymbol{x}^*$ 正好为非负整数，则 $\boldsymbol{x}^*$ 为问题(6－14)的最优解，若 $\boldsymbol{x}^*$ 不是整数解，则 $\boldsymbol{c}^{\mathrm{T}}\boldsymbol{x}^*$ 为问题(6－14)中 $\boldsymbol{c}^{\mathrm{T}}\boldsymbol{x}^0$ 的一个上界，这里 $\boldsymbol{x}^0$ 为问题(6－14)的最优解。

用割平面法求解整数线性规划问题的基本思路是：先不考虑整数约束条件，求松弛问题的最优解，如果获得整数最优解，即为所求，运算停止；如果所得到最优解不满足整数约束条件，则在此非整数解的基础上增加新的约束条件重新求解。这个新增加的约束条件的作用就是切割相应松弛问题的可行域，即割去松弛问题的部分非整数解(包括原已得到的非整数最优解)，而把所有的整数解都保留下来，故称新增加的约束条件为割平面。当经过多次切割后，就会使被切割后保留下来的可行域上有一个坐标均为整数的顶点，它恰好就是所求问题的整数最优解。由此知切割后所对应的松弛问题，与原整数规划问题具有相同的最优解。

下面介绍如何构造割平面。首先，先用单纯形法解问题(6－14)的松弛问题(6－15)，得

到问题(6－15)的最优基本可行解。设这个最优基为 $\boldsymbol{B}$，单纯形表为

$$T(\boldsymbol{B})=(b_{ij})$$

考虑 $T(\boldsymbol{B})$ 中第 i 行 $(i=1, 2, \cdots, m)$ 对应的方程：

$$x_{\boldsymbol{B}(i)}+\sum_{j\notin \boldsymbol{B}} b_{ij}x_j=b_{i0}\quad (i=1, 2, \cdots, m)\tag{6-16}$$

其中，$x_{\boldsymbol{B}(i)}$ 为对应第 i 行的基变量，由于 $x\geqslant 0$，故 $\sum_{j\notin \boldsymbol{B}}[b_{ij}]x_j\leqslant \sum_{j\notin \boldsymbol{B}} b_{ij}x_j$，其中 $[b_{ij}]$ 表示不超过 b_{ij} 的最大整数，因此满足：

$$x_{\boldsymbol{B}(i)}+\sum_{j\notin \boldsymbol{B}}[b_{ij}]x_j\leqslant b_{i0}\tag{6-17}$$

因为在 ILP 中 x 为整数，第 i 个方程与式(6－16)等价，所以当 x_j 取整数时，若式(6－16)成立，则式(6－17)也成立。又因为式(6－17)左边为整数，故 b_{i0} 用其整数部分 $[b_{i0}]$ 代替，式(6－17)也成立，即

$$x_{\boldsymbol{B}(i)}+\sum_{j\notin \boldsymbol{B}}[b_{ij}]x_j\leqslant [b_{i0}]\tag{6-18}$$

式(6－16)减式(6－18)得

$$\sum_{j\notin \boldsymbol{B}}(b_{ij}-[b_{ij}])x_j\geqslant b_{i0}-[b_{i0}]\tag{6-19}$$

令

$$\begin{cases} d_{ij}=b_{ij}-[b_{ij}] \\ d_{i0}=b_{i0}-[b_{i0}] \end{cases}\quad (j\notin \boldsymbol{B};\ i=1, 2, \cdots, m)$$

则 $0\leqslant d_{ij}<1$，$0\leqslant d_{i0}<1$，于是式(6－19)可写成

$$\sum_{j\notin \boldsymbol{B}} d_{ij}x_j\geqslant d_{i0}\quad (i=1, 2, \cdots, m)\tag{6-20}$$

称式(6－19)或式(6－20)为割平面。

割平面就是每次在问题(6－14)的松弛问题(6－15)中加入割平面，然后对加入割平面的 LP 求解，直到得到整数最优解。

利用割平面法求解整数线性规划问题的步骤是：

步骤 1　用单纯形法求松弛 LP 问题的基本最优解，若此最优解为整数时，则得到了 ILP 的最优解；否则，转步骤 2。

步骤 2　取第 i 行对应的约束构造一个割平面(任取 $i\in\{1, 2, \cdots, m\}$)：

$$\sum_{j\notin \boldsymbol{B}} d'_{ij}x_j\geqslant d'_{i0}$$

$$\begin{cases} d'_{ij} = b_{ij} - [b_{ij}] \\ d'_{i0} = b_{i0} - [b_{i0}] \end{cases} \quad (j \notin \boldsymbol{B})$$

此处 $\boldsymbol{B}$ 表示最优基的基变量下标集。

步骤 3　构造新的松弛问题：

$$(\text{LP}) \begin{cases} \max\ \boldsymbol{c}^{\mathrm{T}}\boldsymbol{x} \\ \text{s. t. } \boldsymbol{Ax} = \boldsymbol{b} \\ \qquad \sum\limits_{j \notin \boldsymbol{B}} d'_{ij} x_j \geqslant d'_{i0} \\ \qquad \boldsymbol{x} \geqslant 0 \end{cases} \xrightarrow[\text{记为}]{\text{化为标准形}} \begin{cases} \max\ \boldsymbol{c}^{\mathrm{T}}\boldsymbol{x} \\ \text{s. t. } \boldsymbol{Ax} = \boldsymbol{b} \\ \qquad \boldsymbol{x} \geqslant 0 \end{cases}$$

转步骤 1。

【注】 难点是如何判定松弛问题的最优解是否为整数解(松弛问题的解为实数)。

例 6.1　用割平面法解

$$\begin{cases} \max\ x_1 + x_2 \\ \text{s. t. } -x_1 + x_2 \leqslant 1 \\ \qquad 3x_1 + x_2 \leqslant 4 \\ \qquad x_1,\ x_2 \geqslant 0,\text{且均为整数} \end{cases}$$

解　化为标准形后的松弛问题：

$$(\text{LP}) \begin{cases} \max\ x_1 + x_2 \\ \text{s. t. } -x_1 + x_2 + x_3 = 1 \\ \qquad 3x_1 + x_2 + x_4 = 4 \\ \qquad x_1,\ \cdots,\ x_4 \geqslant 0 \end{cases}$$

(1) 取基

$$\boldsymbol{B} = [P_1 \quad P_2] = \begin{bmatrix} -1 & 1 \\ 3 & 1 \end{bmatrix}$$

$$\boldsymbol{B}^{-1} = \frac{\begin{bmatrix} 1 & -1 \\ -3 & -1 \end{bmatrix}}{-4} = \begin{bmatrix} -\frac{1}{4} & \frac{1}{4} \\ \frac{3}{4} & \frac{1}{4} \end{bmatrix}$$

$$\boldsymbol{C}_{\boldsymbol{B}}^{\mathrm{T}} = [1,\quad 1]$$

$$B^{-1}b = \begin{bmatrix} \frac{3}{4} \\ \frac{7}{4} \end{bmatrix}$$

$$C_B^T B^{-1} b = \frac{5}{2}$$

$$B^{-1}A = \begin{bmatrix} 1 & 0 & -\frac{1}{4} & \frac{1}{4} \\ 0 & 1 & \frac{3}{4} & \frac{1}{4} \end{bmatrix}$$

$$C_B^T B^{-1} A - C^T = \begin{bmatrix} 0 & 0 & \frac{1}{2} & \frac{1}{2} \end{bmatrix}$$

$$T(B) = \begin{bmatrix} & \frac{5}{2} & 0 & 0 & \frac{1}{2} & \frac{1}{2} \\ x_1 & \frac{3}{4} & 1 & 0 & -\frac{1}{4} & \frac{1}{4} \\ x_2 & \frac{7}{4} & 0 & 1 & \frac{3}{4} & \frac{1}{4} \end{bmatrix}$$

故 $\boldsymbol{B}$ 为最优基，而最优解为 $\boldsymbol{x}^* = \begin{bmatrix} \frac{3}{4} & \frac{7}{4} & 0 & 0 \end{bmatrix}^T$，不是整数解。

（2）取 $\boldsymbol{T}(\boldsymbol{B})$ 第一行来构造割平面如下：

$$x_1 - \frac{1}{4}x_3 + \frac{1}{4}x_4 = \frac{3}{4}$$

由于

$$\left[-\frac{1}{4}\right] = -1,\quad -\frac{1}{4} - (-1) = \frac{3}{4} = b'_{13}$$

$$\left[\frac{1}{4}\right] = 0,\quad \frac{1}{4} - 0 = \frac{1}{4} = b'_{14}$$

$$\left[\frac{3}{4}\right] = 0,\quad \frac{3}{4} - 0 = \frac{3}{4} = b'_{10}$$

故割平面为

$$\frac{3}{4}x_3 + \frac{1}{4}x_4 \geqslant \frac{3}{4}$$

(3) 将割平面加入 LP 中得到新的 LP，再化为标准形式如下：

$$\text{LP:}\begin{cases}\max\ x_1+x_2\\ \text{s.t.}\ -x_1+x_2+x_3=1\\ \qquad 3x_1+x_2+x_4=4\\ \qquad \dfrac{3}{4}x_3+\dfrac{1}{4}x_4-x_5=\dfrac{3}{4}\\ \qquad x_1,\ \cdots,\ x_5\geqslant 0\end{cases}$$

取

$$\boldsymbol{B}=[\boldsymbol{P}_1\quad \boldsymbol{P}_2\quad \boldsymbol{P}_3]=\begin{bmatrix}-1 & 1 & 1\\ 3 & 1 & 0\\ 0 & 0 & \dfrac{3}{4}\end{bmatrix}$$

$$\boldsymbol{B}^{-1}=\begin{bmatrix}-\dfrac{1}{4} & \dfrac{1}{4} & \dfrac{1}{3}\\ \dfrac{3}{4} & \dfrac{1}{4} & -1\\ 0 & 0 & \dfrac{4}{3}\end{bmatrix}$$

$$\boldsymbol{B}^{-1}\boldsymbol{b}=[1\quad 1\quad 1]^{\mathrm{T}}$$

$$\boldsymbol{C}_{\boldsymbol{B}}^{\mathrm{T}}\boldsymbol{B}^{-1}\boldsymbol{b}=2$$

$$\boldsymbol{C}_{\boldsymbol{B}}^{\mathrm{T}}=[1\quad 1\quad 0]$$

$$\boldsymbol{B}^{-1}\boldsymbol{A}=\begin{bmatrix}1 & 0 & 0 & \dfrac{1}{3} & -\dfrac{1}{3}\\ 0 & 1 & 0 & 0 & 1\\ 0 & 0 & 1 & \dfrac{1}{3} & -\dfrac{4}{3}\end{bmatrix}$$

$$\boldsymbol{C}_{\boldsymbol{B}}^{\mathrm{T}}\boldsymbol{B}^{-1}\boldsymbol{A}-\boldsymbol{C}^{\mathrm{T}}=\begin{bmatrix}0 & 0 & 0 & \dfrac{1}{3} & \dfrac{2}{3}\end{bmatrix}$$

$$T(B)=\begin{bmatrix}2&0&0&0&\frac{1}{3}&\frac{2}{3}\\1&1&0&0&\frac{1}{3}&-\frac{1}{3}\\1&0&1&0&0&1\\1&0&0&1&\frac{1}{3}&-\frac{4}{3}\end{bmatrix}$$

得最优解 $\boldsymbol{x}^*=[x_1\quad x_2\quad x_3\quad x_4\quad x_5]^{\mathrm{T}}=[1\quad 1\quad 1\quad 0\quad 0]^{\mathrm{T}}$ 是整数解，故 $x_1^*=1$，$x_2^*=1$ 为原问题的最优解，最优值为 2。

6.2.2 求解指派问题的匈牙利方法[1-2]

有 n 个工作要分配给 n 个人去做，第 i 个人做第 j 项工作所支付的工资为 c_{ij}，求如何分配才能使所支付的工资最少。指派问题的一般形式为

$$\begin{cases}\min\ \displaystyle\sum_{i=1}^{n}\sum_{j=1}^{n}c_{ij}x_{ij}\\ \text{s. t.}\ \displaystyle\sum_{j=1}^{n}x_{ij}=1 \qquad (i=1,2,\cdots,n)\\ \qquad \displaystyle\sum_{i=1}^{n}x_{ij}=1 \qquad (j=1,2,\cdots,n)\\ \qquad x_{ij}=0\ \text{或}\ 1 \quad (i,j=1,2,\cdots,n)\end{cases} \tag{6-21}$$

其中，

$$x_{ij}=\begin{cases}0 & (\text{若第 } i \text{ 个人不被指派去完成第 } j \text{ 个任务})\\1 & (\text{否则})\end{cases}$$

$$\boldsymbol{C}=\begin{bmatrix}c_{11}&c_{12}&\cdots&c_{1n}\\c_{21}&c_{22}&\cdots&c_{2n}\\\vdots&\vdots&&\vdots\\c_{n1}&c_{n2}&\cdots&c_{nn}\end{bmatrix}$$

$\boldsymbol{C}$ 即为指派问题的效率矩阵。

定理 6.2 若将 $\boldsymbol{C}$ 的某一行(或某一列)各个元素都减去同一个常数 $t(t\in\mathbf{R})$ 得一个新的效率矩阵 $\boldsymbol{C}'=(c'_{ij})_{n\times n}$，则以 $\boldsymbol{C}'$ 为效率矩阵的新指派问题与原指派问题有相同的最优解，

但其最优值比原最优值减少 t。

证明　设新指派问题目标函数估计为 Z' 且对 $\boldsymbol{C}$ 的第 k 行减去 t，则

$$\begin{aligned}Z' &= \sum_{i=1}^{n}\sum_{j=1}^{n} c'_{ij}x_{ij} = \sum_{\substack{i=1\\ i\neq k}}^{n}\sum_{j=1}^{n} c_{ij}x_{ij} + \sum_{j=1}^{n}(c_{kj}-t)x_{kj}\\ &= \sum_{i=1}^{n}\sum_{j=1}^{n} c_{ij}x_{ij} - \sum_{j=1}^{n} tx_{kj}\\ &= \sum_{i=1}^{n}\sum_{j=1}^{n} c_{ij}x_{ij} - t \qquad \left(\sum_{j=1}^{n} x_{kj} = 1\right)\end{aligned}$$

即新指派问题目标函数＝原指派问题目标函数－常数 t。而两问题约束条件相同，故最优解相同，最优值相差 t。证毕。

推论 6.1　若将指派问题的效率矩阵每一行及每一列分别减去各行及各列的最小元素，则得到的新指派问题与原指派问题有相同的最优解。

【注】　将 $\boldsymbol{C}$ 的每一行减去该行最小元素后，再将新的矩阵的每一列减去当前列中最小元素，得到的新矩阵 $\boldsymbol{C}'$ 中必然会出现一些零元素。如 $c'_{ij}=0$，从第 i 行看，它表示第 i 个人去干第 j 项工作支付费用(相对)最少；从第 j 列看，它表示第 j 项工作让第 i 个人去干支付费用(相对)最少。

定义 6.7(独立零元素组)　在效率矩阵 $\boldsymbol{C}$ 中，若有一组位于不同行不同列的零元素，则称这组零元素为独立零元素组。其中的零元素称为独立零元素。

例 6.2　已知 $\boldsymbol{C}=\begin{bmatrix}5&0&2&0\\2&3&0&0\\0&5&6&7\\4&8&0&0\end{bmatrix}$，则 $c_{12}=0$，$c_{23}=0$，$c_{31}=0$，$c_{44}=0$，是一个独立零元素组，$c_{12}=0$，$c_{24}=0$，$c_{31}=0$，$c_{43}=0$，也是一个独立零元素组。

现将 $n\times n$ 个决策变量 x_{ij} 也排成一个 n 阶方阵 $\boldsymbol{X}=(x_{ij})_{n\times n}$，即

$$\boldsymbol{X}=\begin{bmatrix}x_{11}&\cdots&x_{1n}\\ \vdots&&\vdots\\ x_{n1}&\cdots&x_{nn}\end{bmatrix}$$

其中，$x_{ij}=\begin{cases}0 & (\text{若第 } i \text{ 个人不被指派去完成第 } j \text{ 项工作})\\ 1 & (\text{若第 } i \text{ 个人被指派去完成第 } j \text{ 项工作})\end{cases}$，称 $\boldsymbol{X}$ 为决策变量矩阵。

1955 年，库恩利用匈牙利数学家狄·考尼格关于矩阵中独立零元素定理，提出了一种求解指派问题的算法，称为匈牙利算法。

由推论 6.1 可知，若从 $\boldsymbol{C}$ 的每一行各元素中减去这一行中最小元素(这个元素非 0 时)得 $\overline{\boldsymbol{C}}$，再从 $\overline{\boldsymbol{C}}$ 的每一列各元素减去该列中最小元素(这个元素非 0 时)得 $\widetilde{\boldsymbol{C}}$，则以 $\widetilde{\boldsymbol{C}}$ 为效率矩阵和以 $\boldsymbol{C}$ 为效率矩阵的最优解相同。于是，若 $\widetilde{\boldsymbol{C}}$ 中含有 n 个独立零元素(位于不同行不同列的 n 个 0 元素)，则可赋予这些位置中的决策变量为 1，其余位置的决策变量为 0，可使得目标函数值最小(为 0 值)。所以这时的 $\boldsymbol{X}$ 为最优解。

若 $\widetilde{\boldsymbol{C}}$ 中含有独立 0 元素的最大个数小于 n，则设法对 $\widetilde{\boldsymbol{C}}$ 进行变换(最优解保持不变)，使变换后矩阵含有 n 个独立 0 元素为止。

定理 6.3(狄·考尼格 D. Konig 定理)　效率矩阵 $\boldsymbol{C}$ 中独立零元素的最大个数等于能覆盖所有零元素的最少直线数(平行或垂直直线)(证明略)。

匈牙利算法的步骤：(效率矩阵设为 $\boldsymbol{C}$)(找最少直线)

步骤 1　将 $\boldsymbol{C}$ 各行各列都减去其各行、各列的最小元素(若最小元素为 0，则不减)，得新矩阵 $\boldsymbol{C}_1$，$\boldsymbol{C}_1$ 中 0 元素为未标记的 0 元素。

步骤 2　(1) 找出只含一个未标记 0 元素的行(若多于一行，依次随机取)，给这个零元素加下划线。再给加下划线 0 元素所在列的 0 元素标记“×”，这些 0 称为已标记。重复此步直到每行都不含未标记的 0 元素为止，转(2)。(若存在未被标记的 0 元素的行，则其至少有两个未标记的 0 元素。)

(2) 找出只含有一个 0 元素的列，对这个零元素加下划线，再给加下划线 0 元素所在行的 0 元素标记“×”。重复此步直到每列都不含未标记的零元素为止。

重复(1)、(2)直到行和列中都找不到未标记的 0 元素为止。此时，可能出现三种情况：

情况一：有 n 个独立加下划线的 0 元素，此时已得到最优解，停止计算。

情况二：存在未标记的 0 元素，但它们所在的行和列中至少有两个未标记的 0 元素，转(3)。

情况三：不存在未标记的 0 元素，但加下划线 0 元素的个数 $m < n$，则转步骤 3。

(3) 从含 0 元素最少的行开始，找一个 0 元素，其所在列中含 0 元素最少，则给此 0 元素加下划线，然后给此 0 元素同列中的其他 0 元素标记“×”，然后返回(2)。

步骤 3　作最少直线覆盖当前下划线的 0 元素，以确定使系数矩阵中能找到最多的独立 0 元素。方法如下：

(1) 对没加下划线 0 元素的行打"√";

(2) 对打"√"的行中含"×"元素的列打"√";

(3) 对打"√"的列中含下划线 0 元素的行打"√";

(4) 重复(2)、(3)直到所有行和列都打不出新的"√"为止;

(5) 对没有打"√"的行画一横线,对已打"√"的列画一条竖线,即得到覆盖所有 0 元素的最少直线数 l。

例 6.3　现有 5 个人甲、乙、丙、丁、戊要做 5 项工作 A、B、C、D、E,其中每个人分别完成其中的一项工作,每个人完成任务所花费的时间不同,第 i 个人做第 j 项工作所花费的时间为 c_{ij},如矩阵 $\boldsymbol{C}=(c_{ij})_{5\times 5}$所示,如何分配任务使得花费时间最少。

按照匈牙利法的思想,求解过程如下:

步骤 1　从系数矩阵的每行元素减去该行的最小元素,得到 $\boldsymbol{C}_1$;再从所得系数矩阵的每列元素中减去该列的最小元素,得到 $\boldsymbol{C}_2$。

$$\boldsymbol{C}=\begin{bmatrix}12 & 7 & 9 & 7 & 9\\ 8 & 9 & 6 & 6 & 6\\ 7 & 17 & 12 & 14 & 9\\ 15 & 14 & 6 & 6 & 10\\ 4 & 10 & 7 & 10 & 9\end{bmatrix}$$

$$\to \boldsymbol{C}_1=\begin{bmatrix}5 & 0 & 2 & 0 & 2\\ 2 & 3 & 0 & 0 & 0\\ 0 & 10 & 5 & 7 & 2\\ 9 & 8 & 0 & 0 & 4\\ 0 & 6 & 3 & 6 & 5\end{bmatrix}$$

$$\to \boldsymbol{C}_2=\begin{bmatrix}5 & 0 & 2 & 0 & 2\\ 2 & 3 & 0 & 0 & 0\\ 0 & 10 & 5 & 7 & 2\\ 9 & 8 & 0 & 0 & 4\\ 0 & 6 & 3 & 6 & 5\end{bmatrix}$$

步骤 2　找到含零元素最少的行,对零元素加下划线,给下划线零元素所在行和列存在的零元素加"×",重复这个步骤,直到矩阵中所有的零元素都被处理完。

$$
\boldsymbol{C}_3 = \begin{bmatrix} 5 & \underline{0} & 2 & \cancel{0} & 2 \\ 2 & 3 & \cancel{0} & \cancel{0} & \underline{0} \\ \underline{0} & 10 & 5 & 7 & 2 \\ 9 & 8 & \underline{0} & \cancel{0} & 4 \\ \cancel{0} & 6 & 3 & 6 & 5 \end{bmatrix}
$$

可见 $\boldsymbol{C}_3$ 中已没有未被标记的 0 元素，但加下划线 0 元素个数 $m = 4 < 5 = n$。

步骤 3　作最少的直线覆盖所有的 0 元素，以确定该系数矩阵中能找到最多的独立元素数。为此按以下步骤进行。

（1）对没加下划线 0 元素的行打"√"；

（2）对打"√"的行中含"×"元素的列打"√"；

（3）对打"√"的列中含下划线 0 元素的行打"√"；

（4）重复(2)、(3) 直到打不出新的"√"为止；

（5）对没有打"√"的行画一横线，对已打"√"的列画一条竖线，即得到覆盖所有 0 元素的最少直线数 l。

$$
\boldsymbol{C}_3 = \begin{bmatrix} 5 & \underline{0} & 2 & \cancel{0} & 2 \\ 2 & 3 & \cancel{0} & \cancel{0} & \underline{0} \\ \underline{0} & 10 & 5 & 7 & 2 \\ 9 & 8 & \underline{0} & \cancel{0} & 4 \\ \cancel{0} & 6 & 3 & 6 & 5 \end{bmatrix}
\begin{array}{l} \\ \\ \surd(3) \\ \\ \surd(1) \end{array}
$$

$$
\begin{array}{l} \surd \\ (2) \end{array}
$$

由此可见 $l = 4 < n$，所以应继续对矩阵进行变换，从而增加 0 元素。

在未被直线覆盖的元素中找最小元素，将打"√"各行的各元素减去此最小元素，将打"√"的列的各元素加上此最小元素(以算出独立的零元素)。

$$
\boldsymbol{C}_3 = \begin{bmatrix} 7 & 0 & 2 & 0 & 2 \\ 4 & 3 & 0 & 0 & 0 \\ 0 & 8 & 3 & 5 & 0 \\ 11 & 8 & 0 & 0 & 4 \\ 0 & 4 & 1 & 4 & 3 \end{bmatrix} = \boldsymbol{C}_4^1
$$

转步骤 2(找出所有独立 0 元素个数)。

$$C_4 \Rightarrow \begin{bmatrix} 7 & \underline{0} & 2 & \emptyset & 2 \\ 4 & 3 & \underline{0} & \emptyset & \emptyset \\ \emptyset & 8 & 3 & 5 & \underline{0} \\ 11 & 8 & \emptyset & \underline{0} & 4 \\ \underline{0} & 4 & 1 & 4 & 3 \end{bmatrix} \Rightarrow C_5$$

它得到了 n 个独立 0 元素，于是得到了最优解。

$$\boldsymbol{X} = \begin{bmatrix} 0 & 1 & 0 & 0 & 0 \\ 0 & 0 & 1 & 0 & 0 \\ 0 & 0 & 0 & 0 & 1 \\ 0 & 0 & 0 & 1 & 0 \\ 1 & 0 & 0 & 0 & 0 \end{bmatrix}$$

即 $x_{12} = x_{23} = x_{35} = x_{44} = x_{51} = 1$，其余 $x_{ij} = 0$。

由解矩阵得最优指派方案：

甲—B，乙—D，丙—E，丁—C，戊—A

6.2.3　流水线调度问题求解方法[3-8]

本节介绍两种求解流水线调度问题的算法：Johnson 方法和分支定界法。

1. Johnson 算法($m=2$)

n 个工件{1，2，…，n}要在由两台机器 M1 和 M2 组成的流水线上完成加工。每个工件加工的顺序都是先在 M1 上加工，然后在 M2 上加工。M1 和 M2 加工作业 i 所需的时间分别为 a_i 和 b_i。流水作业调度问题要求确定这 n 个工件的最优加工顺序，使得从第一个工件在机器 M1 上开始加工，到最后一个工件在机器 M2 上加工完成所需的时间最少。

Johnson 算法步骤：

步骤 1　找出 a_1，a_2，…，a_n 以及 b_1，b_2，…，b_n 中的最小数。

步骤 2　若最小者为 a_i，则把工件 i 排在第一位，并从工件集合中去掉这个工件。

步骤 3　若最小者为 b_i，则把工件 i 排在最后一位，并从工件集中去掉这个工件。

步骤 4　对剩下的工件重复上述 3 步，直至工件集合为空集时停止。

利用定理 6.1 可以简单地推出 $m=2$ 时的最优工序安排与 Johnson 方法的结果相同。

定理 6.4　若 $m=2$，最优工序可以用 Johnson 方法求得。

证明　设 $J_w=(J_{w_1}, J_{w_2}, \cdots, J_{w_n})$ 为一工序，$J_{w'}$ 为交换 J_{w_i} 和 $J_{w_{i+1}}$ 所得到的工序。先证：若

$$\min\{a_{1w_i}, a_{2w_{i+1}}\}\leqslant\min\{a_{1w_{i+1}}, a_{2w_i}\}\Rightarrow T(w)\leqslant T(w')$$

令 $d(a_{1w_1}, a_{2w_{i-1}})$ 和 $d(a_{1w_{i+2}}, a_{2w_n})$ 分别为矩阵 $\begin{bmatrix} a_{1w_1}\cdots a_{1w_{i-1}}\, a_{1w_i} a_{1w_{i+1}}\cdots a_{1w_n} \\ a_{2w_1}\cdots a_{2w_{i-1}}\, a_{2w_i} a_{2w_{i+1}}\cdots a_{2w_n}\end{bmatrix}$ 中所有连接 a_{1w_1} 和 $a_{2w_{i-1}}$ 及所有连接 $a_{1w_{i+2}}$ 和 a_{2w_n} 的可行线中所对应的可行和中之最大者(可表示为 $T(w_1, \cdots, w_{i-1})$ 和 $T(w_{i+1}, \cdots, w_n)$)。据定理 6.1 有

$$T(w)=\max\left\{d(a_{1w_1}, a_{2w_{i-1}})+\sum_{j=i}^{n}a_{2w_j}, \sum_{j=1}^{i}a_{1w_j}+\sum_{j=i}^{n}a_{2w_j},\right.$$
$$\left.\sum_{j=1}^{i+1}a_{1w_j}+\sum_{j=i+1}^{n}a_{2w_j}, \sum_{j=1}^{i+1}a_{1w_j}+d(a_{1w_{i+2}}, a_{2w_n})\right\}$$

$$T(w')=\max\left\{d(a_{1w_1}, a_{2w_{i-1}})+\sum_{j=i}^{n}a_{2w_j}, \quad \sum_{j=1}^{i-1}a_{1w_j}+a_{1w_{i+1}}+\sum_{j=i}^{n}a_{2w_j},\right.$$
$$\left.\sum_{j=1}^{i+1}a_{1w_j}+a_{2w_i}+\sum_{j=i+2}^{n}a_{2w_j}, \quad \sum_{j=1}^{i+1}a_{1w_j}+d(a_{1w_{i+2}}, a_{2w_n})\right\}$$

记 $T(w)$ 右端大括号内第一项和第四项分别为 A、C，令 $B=\sum_{j=1}^{i-1}a_{1w_j}+\sum_{j=i+2}^{n}a_{2w_j}$，则：

$$T(w)=\max\{A, B+a_{1w_i}+a_{2w_i}+a_{2w_{i+1}}, B+a_{1w_i}+a_{1w_{i+1}}+a_{2w_{i+1}}, C\}$$
$$T(w')=\max\{A, B+a_{1w_{i+1}}+a_{2w_i}+a_{2w_{i+1}}, B+a_{1w_i}+a_{1w_{i+1}}+a_{2w_i}, C\}$$

可得

$$T(w)=\max\{A, C, B+a_{1w_i}+a_{2w_{i+1}}+\max\{a_{1w_{i+1}}, a_{2w_i}\}\}$$
$$T(w')=\max\{A, C, B+a_{2w_i}+a_{1w_{i+1}}+\max\{a_{1w_i}, a_{2w_{i+1}}\}\}$$

$$a_{1w_i}+a_{2w_{i+1}}+\max\{a_{1w_{i+1}}, a_{2w_i}\}\leqslant a_{2w_i}+a_{1w_{i+1}}+\max\{a_{1w_i}, a_{2w_{i+1}}\}$$
$$\Leftrightarrow\quad \max\{a_{1w_{i+1}}, a_{2w_i}\}-a_{2w_i}-a_{1w_{i+1}}\leqslant\max\{a_{1w_i}, a_{2w_{i+1}}\}-a_{1w_i}-a_{2w_{i+1}}$$
$$\Leftrightarrow\quad \max\{-a_{1w_{i+1}}, -a_{2w_i}\}\leqslant\max\{-a_{1w_i}, -a_{2w_{i+1}}\}$$
$$\Leftrightarrow\quad \min\{a_{1w_{i+1}}, a_{2w_i}\}\geqslant\min\{a_{1w_i}, a_{2w_{i+1}}\}$$

$$\Leftrightarrow \quad \min\{a_{1w_i}, a_{2w_{i+1}}\} \leqslant \min\{a_{1w_{i+1}}, a_{2w_i}\}$$

$$\Leftrightarrow \quad T(w) \leqslant T(w')$$

由题设知 $T(w) \leqslant T(w')$，即 J_w 优于 $J_{w'}$。此即为排在前的条件，与 Johnson 方法的条件相同，定理证毕。

例 6.4　工件加工时间表如下，求最优顺序。

n	A	B
1	$a_1 = 3$	$b_1 = 6$
2	$a_2 = 7$	$b_2 = 2$
3	$a_3 = 4$	$b_3 = 7$
4	$a_4 = 5$	$b_4 = 3$
5	$a_5 = 7$	$b_5 = 4$

解　第一步，最小数为 $b_2 = 2$，故第二个工件应排最后，去掉工件 2。

第二步，在剩余的工件中找最小加工时间，此时 $a_1 = 3$，$b_4 = 3$，因此应将第一个工件排在第一位，第 4 个工件排在倒数第二位，第 3 个工件排在第二位，第 5 个工件排在倒数第 3 位。最优顺序为 $1 \to 3 \to 5 \to 4 \to 2$。

接下来，我们推广到特殊的三台机器上的排序问题，具体描述如下：n 个零件经过三台机器 A、B、C 加工。每个零件都需经过 A，再经过 B，最后经过 C 三道工序加工。第 i 个零件在 A、B、C 上加工时间分别为 a_i、b_i、c_i $(i = 1, 2, \cdots, n)$。试安排各零件的加工顺序使加工完成各零件所需时间最短。

先考虑上述问题的一个特殊情况，即当满足下述两个条件之一时，求最优顺序的方法。

条件(1)：第一台机器 A 上的最小加工时间大于等于第二台机器 B 上的最大加工时间。

$$\min_{1\leqslant i\leqslant n}\{a_i\} \geqslant \max_{1\leqslant i\leqslant n}\{b_i\}$$

条件(2)：第三台机器 C 上的最小加工时间大于等于第二台机器 B 上的最大加工时间。

$$\min_{1\leqslant i\leqslant n}\{c_i\} \geqslant \max_{1\leqslant i\leqslant n}\{b_i\}$$

算法步骤：

(1) 分别对每个产品在机器 A 和机器 B 上的加工时间求和：$d_i = a_i + b_i$。

(2) 分别对每个产品在机器 B 和机器 C 上的加工时间求和：$e_i = b_i + c_i$。

(3) 将三台机器上的排序问题转化为两台机器上的排序问题，第 i 个零件在这两台新机器上的加工时间分别为 d_i 和 e_i ($i=1, 2, \cdots, n$)。

(4) 用 Johnson 法求出两台机器上的最优加工顺序，此顺序即为在三台机器上的最优加工顺序。

例 6.5 假设有 5 个零件要在 A、B、C 上加工，加工时间如下表所示，求最优顺序。

	A	B	C
1	4	5	5
2	2	2	6
3	8	3	8
4	10	3	9
5	5	4	7

解 在 C 上的最小加工时间为 5，大于等于在 B 上的加工时间 5，故可用例 6.4 的方法转化为两台机器上的排序问题，如下表所示。

	D	E
1	9	10
2	4	8
3	11	11
4	13	12
5	9	11

用 Johnson 方法求出最优顺序为

$$2 \rightarrow \begin{cases} 5 \rightarrow 1 \\ 1 \rightarrow 5 \end{cases} \rightarrow \begin{cases} 3 \rightarrow 4 \\ 4 \rightarrow 3 \end{cases}$$

2. 分支定界法($m>2$)[3-7]

1) 分支定界法的基本思想

分支定界法的基本思想是：将全部可行解分成若干部分(分支)，对每一部分估计出加工时间的一个下界(定界)，找出最小下界的那个部分，从而测出最优解可能在的那一部分。然后对这一部分再进行分支和定界，直到找到一个比较好的排列顺序。然后将此顺序的加工时间与各部分的下界比较，消去那些下界大于或等于此加工时间的部分。在保留的部分再找出一个下界最小的部分，重复上述过程，直到消去所有大于或等于下界的部分为止，便求出了最优解。

下面用一个例子来说明此方法的计算步骤。

6 个工件 J_1，J_2，…，J_6 在 3 台机器 A、B、C 上的加工时间分别如下表所示，每个工件的加工顺序都是先在 A 上加工，然后分别在 B、C 上加工。如何安排工件的加工顺序，使工件全部加工完成所需的时间最短。

	J_1	J_2	J_3	J_4	J_5	J_6
a_i	1	12	5	2	9	11
b_i	8	10	9	6	3	3
c_i	2	4	6	12	7	3

步骤 1 根据 J_1，J_2，…，J_6 每一个排列最左边一个零件的编号，将全部排列分为 6 组，最左边为 J_i 的部分排列归为一组，记为 $K_i(i=1, 2, \cdots, 6)$，然后估计 K_i 中排列的加工时间的下界 r_i。r_1 的算法如下：

(1) 将 J_1 排列在最左边，再据 b_i、c_i 的值，用 Johnson 规则将 J_2，…，J_6 排列放在 J_1 之后，如下表所示。

	J_1	J_6	J_5	J_4	J_3	J_2
a_i	1	11	9	2	5	12
b_i	8	3	3	6	9	10
c_i	2	3	7	12	6	4

(2) 计算如下定义的 S_1，S_2，S_3；

$$S_1 = A + \min_{i \neq 1}\{b_i + c_i\} = 46 \quad \left(A = \sum_{i=1}^{6} a_i\right)$$

$$S_3 = a_1 + b_1 + c_1 + \sum_{i \neq 1} c_i = 43$$

$S_2 = a_1 + b_1 + \begin{bmatrix} 3 & 3 & 6 & 9 & 10 \\ 3 & 7 & 12 & 6 & 4 \end{bmatrix}$ 的最大可行和为 44。(注意到，S_2 中矩阵记为 $\boldsymbol{B}$)$\boldsymbol{B}$ 的最大可行和对应于将 $J_2 \sim J_6$ 按两台机器上加工时间为 b_i、c_i $(i=1\sim6)$ 的值用 Johnson 方法排出的最优顺序所用的加工时间，它比 $J_2 \sim J_6$ 的其他顺序(在两台机器上)所用的时间多，即 $\boldsymbol{B}$ 的最大可行和小于等于由 $\boldsymbol{B}$ 的列的任一排列构成的矩阵的最大可行和。所以，对 $\forall\, \omega \in K_1$，有 $T(\omega) = A(\omega)$ 的最大可行和 $\geqslant \max\{S_1, S_2, S_3\}$。因此

$$\min_{\omega\in K_1} T(\omega) \geqslant \max\{S_1, S_2, S_3\}$$

取 $r_1 = \max\{S_1, S_2, S_3\} = 46$，类似地，对每个 K_i，令 $r_i = \max\{S_1, S_2, S_3\}$，利用上述定义，经计算可得：$r_2 = 56$，$r_3 = 48$，$r_4 = 46$，$r_5 = 48$，$r_6 = 52$，选取 r_1，r_2，…，r_6 中最小者(若不止一个，任取一个)，今取 r_4。

一般地，若 $D = \omega_1, \omega_2, \cdots, \omega_j$ 是 j 个零件 ($j \leqslant n$) 排成的一个顺序，令 $K_D = \{\omega_1, \omega_2, \cdots, \omega_j, \cdots\}$ 为形如 $(\omega_1, \omega_2, \cdots, \omega_j, \cdots)$ 的顺序的集合，在 K_D 中加工时间的下界 r_D 计算如下：据 b_i 和 c_i 的值，将 D 后的零件按 Johnson 方法排序为 $(\omega_{j+1}, \cdots, \omega_n)$。

令

$$S_1 = A + \min_{i\in\{\omega_1, \cdots, \omega_j\}} \{b_i + c_i\}$$

$$S_3 = \begin{bmatrix} a_{\omega_1} & \cdots & a_{\omega_j} \\ b_{\omega_1} & \cdots & b_{\omega_j} \\ c_{\omega_1} & \cdots & c_{\omega_j} \end{bmatrix} \text{的最大可行和} + \sum_{i\in\{\omega_1, \cdots, \omega_j\}} c_{\omega_i}$$

$$S_2 = \begin{bmatrix} a_{\omega_1} & \cdots & a_{\omega_j} \\ b_{\omega_1} & \cdots & b_{\omega_j} \end{bmatrix} \text{的最大可行和} + \begin{bmatrix} b_{\omega_{j+1}} & \cdots & b_{\omega_n} \\ c_{\omega_{j+1}} & \cdots & c_{\omega_n} \end{bmatrix} \text{的最大可行和}$$

步骤 2　对 K_4 再进行分组，据 K_4 中每个排列左边第二个零件编号将 K_4 分为 5 组，左边第二个零件为 J_i 的顺序分为一组，记为 K_{4i}，于是 K_4 分的 5 组分别为 K_{41}，K_{42}，K_{43}，K_{45}，K_{46}。然后，计算各组的加工时间的下界，K_{4i} 的加工时间下界记为 r_{4i}。利用上述定义，可求出 $r_{41} = 46$，$r_{42} = 49$，$r_{43} = r_{45} = 46$，$r_{46} = 50$。选 r_{41}，r_{42}，r_{43}，r_{45}，r_{46} 中最小者(不止一个时，任选一个)，今取 r_{41}。

步骤 3　继续对 K_{41} 分组，将 K_{41} 中每个排列左边第三个零件编号相同的顺序分为一组，则 K_{41} 可分为 4 组，左边第三个零件编号为 i 时的那组记为 K_{41i}。故 K_{41} 可分为 K_{412}，K_{413}，K_{415}，K_{416}。再计算其对应的加工时间下界：$r_{412} = 47$，$r_{413} = r_{415} = 46$，$r_{416} = 50$。选取 r_{412}，r_{413}，r_{415}，r_{416} 中最小者，如取 $r_{415} = 46$。

一般地，K 的前 $j-1$ 个下标已排完，如 K_D，$D = (\omega_1, \cdots, \omega_{j-1})$，且将 K_D 已分为 $n-j+1$ 个，每组都求出了一个加工时间下界，且在这些下界中取最小者(不止一个时，任取一个)。如取 $r_{\bar{D}}$，将 $K_{\bar{D}}$ 分成 $n-j$ 个组，每组的左边第 $j+1$ 个零件的编号相同。计算每组的加工时间下界，再求出这些下界最小者(不止一个时，任取一个)，此过程一直进行下去，直到最小下界对应的组 $K_{\bar{D}}$ 只有三个组为止。

步骤 4　将 K_{415} 分为三组 K_{4152}，K_{4153}，K_{4156}，由于这三组中每组只含有两个排列，可直接计算它们每个的加工时间，这 6 个排列中最小的加工时间为 $T(K_{415326})=46$。

步骤 5　将以上分组情况画成一个树形图，如图 6.3 所示，并注明各组下界。显然，下界不小于 46（$T(K_{415})$）的那些组内不可能含比 $J_4J_1J_5J_3J_2J_6$ 更好的排列，这些组可被去掉。若不能去掉所有的组，则转步骤 6；否则，$J_4J_1J_5J_3J_2J_6$ 即为最优排列。

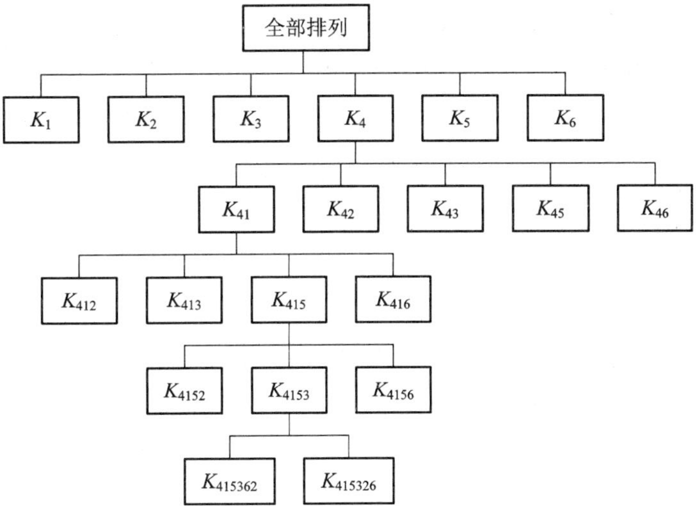

图 6.3　分组情况树形图

步骤 6　在未被去掉的那些组中选出下界最小的一个组，重复上述过程，直到去掉所有的组为止。由于分组的数目为有限个，所以这种过程一定会在有限次终止，而求出最优解。

【注】

(1) 上述过程的计算量往往非常大。

(2) 每步所求下界越大(越接近与最优加工时间)，在去掉分组过程中，才有可能去掉的组越多，从而算法的收敛越快。因此，估计好的下界是分枝定界法的一个关键。

2) 分支定界法的步骤[3-7]（m 台机器，n 个零件的 Flowshop 问题）

步骤 1　根据 J_1，J_2，…，J_n 每一个排列最左边一个零件的编号不同，将全部排列分为 n 组(分支)，最左边为 J_i 的部分排列归为一组(定界)，记为 $K_i(i=1, 2, \cdots, n)$，然后估计 K_i 中所有排列的加工时间的下界 r_i，如下：

令 $S_1=\sum\limits_{j=1}^{n}a_{1j}+\min\limits_{j\neq i}\left\{\sum\limits_{k=2}^{m}a_{kj}\right\}$（对应第一行从最左到最右的所有可行线的可行和的下

界)，$S_k = \sum_{k=1}^{i-1} a_{ki} + \sum_{j=1}^{n} a_{kj} + \min_{j \neq i} \left\{ \sum_{k=i+1}^{m} a_{kj} \right\}$ $(k = 2, 3, \cdots, m-1)$（对应第 i 行从最左到最右的所有可行线的可行和的下界)，$S_n = \sum_{k=1}^{m-1} a_{kj} + \sum_{j=1}^{n} a_{mj}$（对应第 m 行从最左到最右的所有可行线的可行和的下界)。

令 $r_i = \max\{S_k, k = 1, 2, \cdots, m\}$，$(i = 1, 2, \cdots, n)$，记 $r_{\omega_1} = \min\{r_1, r_2, \cdots, r_n\}$，其对应分支为 K_{ω_1}。

步骤 2　对 K_{ω_1} 中排列再进行分组(分支)，将 K_{ω_1} 中左边第二位是同一零件的排列归为一组(分支)，这样 K_{ω_1} 可分为 $n-1$ 组，每一组中排列的左边前 2 位零件是相同的。设 $K_{\omega_1 \bar{\omega}_2} = \{(J_{\omega_1} J_{\omega_2} \cdots)\}$ 是这 $n-1$ 组中任意一组，计算 $K_{\omega_1 \bar{\omega}_2}$ 中各排列的加工时间下界 $r_{\omega_1 \bar{\omega}_2}$ 如下：

令

$$S_1 = \sum_{j=1}^{n} a_{1j} + \min_{j \in \{\omega_1, \bar{\omega}_2\}} \left\{ \sum_{i=2}^{m} a_{ij} \right\}$$

$$S_i = \begin{bmatrix} a_{1\omega_1} & a_{1\bar{\omega}_2} \\ \vdots & \vdots \\ a_{i\omega_1} & a_{i\bar{\omega}_2} \end{bmatrix} \text{的最大可行和} + \sum_{j \notin \{\omega_1, \bar{\omega}_2\}} a_{ij} + \min_{j \notin \{\omega_1, \bar{\omega}_2\}} \left\{ \sum_{k=i+1}^{m} a_{kj} \right\}$$

$$(i = 2, 3, \cdots, m-1)$$

$$S_m = \begin{bmatrix} a_{1\omega_1} & a_{1\bar{\omega}_2} \\ \vdots & \vdots \\ a_{m\omega_1} & a_{m\bar{\omega}_2} \end{bmatrix} \text{的最大可行和} + \sum_{j \notin \{\omega_1, \bar{\omega}_2\}} a_{mj}$$

令 $r_{\omega_1 \bar{\omega}_2} = \max\{S_k, k = 1, 2, \cdots, m\}$，利用此法对每组都可求出一个加工时间下界 $r_{\omega_1 \bar{\omega}_2}$，这些下界中存在一个最小者，不妨设为 $r_{\omega_1 \omega_2}$。

步骤 3　一般地，已经确定分支 $K_{\omega_1 \sim \omega_{j-1}} = \{J_{\omega_1}, J_{\omega_2}, \cdots, J_{\omega_{j-1}}, \cdots\}$ 对其排列再进行分组，将 $K_{\omega_1 \sim \omega_{j-1}}$ 左边第 j 位排列相同零件的排列归为一组，这样 $K_{\omega_1 \sim \omega_{j-1}}$ 可分为 $n-j+1$ 组，每组中排列的左边前 j 个零件相同。设 $K_{\omega_1 \sim \omega_{j-1} \bar{\omega}_j} = \{J_{\omega_1}, J_{\omega_2}, \cdots, J_{\bar{\omega}_j}, \cdots\}$ 是其中任一组，计算 $K_{\omega_1 \sim \omega_{j-1} \bar{\omega}_j}$ 中所有排列的加工时间下界 $r_{\omega_1 \sim \omega_{j-1} \bar{\omega}_j}$ 如下：

令

$$S_1 = \sum_{j=1}^{n} a_{1j} + \min_{j \in \{\omega_1, \omega_2, \cdots, \bar{\omega}_j\}} \left\{ \sum_{k=2}^{m} a_{kj} \right\}$$

$$S_i = \begin{pmatrix} a_{1\omega_1} & a_{1\bar{\omega}_j} \\ \vdots & \vdots \\ a_{i\omega_1} & a_{i\bar{\omega}_j} \end{pmatrix} \text{的最大可行和} + \sum_{j \notin \{\omega_1, \omega_2, \cdots, \bar{\omega}_j\}} a_{ij} + \min_{j \notin \{\omega_1, \omega_2, \cdots, \bar{\omega}_j\}} \left\{ \sum_{k=i+1}^{m} a_{kj} \right\}$$

$$(i = 2, 3, \cdots, m-1)$$

$$S_m = \begin{pmatrix} a_{1\omega_1} & a_{1\bar{\omega}_j} \\ \vdots & \vdots \\ a_{m\omega_1} & a_{m\bar{\omega}_j} \end{pmatrix} \text{的最大可行和} + \sum_{j \notin \{\omega_1, \omega_2, \cdots, \bar{\omega}_j\}} a_{mj}$$

令 $r_{\omega_1, \cdots, \omega_{j-1}, \bar{\omega}_j} = \max\{S_k, k = 1, 2, \cdots, m\}$，利用此法对每组都可求出一个加工时间下界，且在这些下界中任取一个最小者，记为 $r_{\omega_1, \cdots, \omega_{j-1}, \omega_j}$，对应的分支为 $K_{\omega_1, \cdots, \omega_{j-1}, \omega_j}$。再将 $K_{\omega_1, \cdots, \omega_{j-1}, \omega_j}$ 分成 $n-j$ 个组，每组排列的左边第 $j+1$ 个零件相同，计算每组的加工时间下界，再求出这些下界中任一个最小者，此过程重复下去，直到某最小下界对应的组 $K_{\omega_1, \cdots, \omega_{n-3}}$ 只能分成三组为止(而 $K_{\omega_1, \cdots, \omega_{n-3}}$ 中左边前 $n-3$ 个零件确定了)。

步骤 4　将 $K_{\omega_1, \cdots, \omega_{n-3}}$ 分为三组，每组只含有两个排列，直接求出这 6 个排列各自的加工时间，其中最小者记为 $T(K_{\omega_1, \cdots, \omega_n})$。

步骤 5　将以上分组情况画成一个树形图，并注明各组下界，显然下界不小于 $T(K_{\omega_1, \cdots, \omega_n})$ 的组内不可能含比 $T(K_{\omega_1, \cdots, \omega_n})$ 对应排列 $J_{\omega_1}, \cdots, J_{\omega_n}$ 更好的排列，这些组可被去掉。若不能去掉所有的组，则转步骤 6；否则，$J_{\omega_1}, \cdots, J_{\omega_n}$ 即为最优排列。

步骤 6　在未被去掉的那些组中选出下界最小的一个组，转步骤 3。由于分组的数目为有限次，所以这种过程一定会在有限次终止，从而求出最优排列。

6.2.4　求解 TSP 模型 MZOLP 的分支定界法[9-10]

在 6.1.6 节 TSP 建立的模型 MZOLP(式(6-13))中，若去掉约束条件(3)，可得如下 0-1 规划模型问题(ZOLP)：

$$\begin{cases} \min \sum_{i,j=1}^{m} c_{ij} x_{ij} \\ \text{s.t.} \sum_{i=1}^{m} x_{ij} = 1 \quad (j = 1, 2, \cdots, m) \\ \quad\ \sum_{j=1}^{m} x_{ij} = 1 \quad (i = 1, 2, \cdots, m) \\ \quad\ x_{ij} = 0 \text{ 或 } 1 \end{cases}$$

显然此问题最优解的目标函数值是 MZOLP 的最优目标函数值的一个下界。若 ZOLP 的最优解是一个合法的闭合路径，则其一定为 MZOLP 的最优解。

设 $\boldsymbol{C}=(c_{ij})$ 为距离矩阵，其中 $c_{ii}=M>0$ 充分大 $(i=1,2,\cdots,m)$。解 ZOLP，若得一条合法路径，则其为最优路径，停止计算；否则，得到若干个闭合子路径的并，取其中含最少顶点的一个闭合子路径：$V_1\to V_2\to\cdots\to V_k\to V_1(k<m)$，令 $S=\{V_1,V_2,\cdots,V_k\}$，$S'=V\backslash S$，注意到任一条合法闭路径至少含一条从 S 到 S' 的弧。

分枝： 构造 k 个分支，对 S 中每个顶点 V_i，构造一个子问题 $(\text{ZOLP})_i$，在 ZOLP 中将 $\boldsymbol{C}=(c_{ij})$ 用矩阵 $\boldsymbol{A}_i=(a_{rj})$ 代替，其中

$$a_{rj}=\begin{cases}M, & \text{若 } r=i,\ j\in S\\ c_{ij}, & \text{若 } r=i,\ j\notin S\\ c_{rj}, & \text{若 } r\neq i\end{cases}\qquad (i=1,2,\cdots,k) \tag{6-22}$$

这样便得到了 k 个子问题：

$$(\text{ZOLP})_i:\begin{cases}\min\ \sum\limits_{r,j}a_{rj}x_{rj}\\ \text{s.t.}\ \sum\limits_{r=1}^{m}x_{rj}=1,\ j=1,2,\cdots,m\\ \qquad \sum\limits_{j=1}^{m}x_{rj}=1,\ r=1,2,\cdots,m\end{cases}\qquad (i=1,2,\cdots,k) \tag{6-23}$$

定界： 对每个 $(\text{ZOLP})_i$ 求解。若某个子问题的最优解是一条合法闭路径，且其目标值小于等于所有其他子问题的最优值，它即为最优解；否则，取具有最小目标值的子问题作为分支对象转到分支部分，再对它进行分支。

接下来，我们归纳求解 MZOLP 模型的分支定界法[6-7] (Branch and Bound Algorithm)：

步骤 1 求解 ZOLP。若得到的最优解为一条合法闭路径，则其为 MZOLP 的最优解。否则，ZOLP 的最优解由多个闭合子路径组成，其目标函数值记为 f(此时 f 为 MZOLP 的最优解的目标函数值的下界)。转步骤 2。

步骤 2(分支) 取 ZOLP 最优解中含有最少顶点的闭合子路径，其中的顶点集记为 S，不妨设 $S=\{V_1,V_2,\cdots,V_k\}$，令 $S'=V\backslash S$，由式(6-22)将问题分成形如式(6-23)的 k 个子问题，求解这些子问题，转步骤 3。

步骤 3(定界) 若子问题的最优解中有合法路径，令其中最好解的目标函数值为 f_1，

并令 $f=\max\{f, f_1\}$；在那些最优解不是合法路径的子问题中，找出最小的目标函数值 f_2。若 $f_2 \geqslant f$，则最好的合法路径为最优解(第 i 个子问题的解的目标函数是所有从 V_i 出发的弧的下一个顶点不在 S 中的 Hamilton 圈对应的目标函数的下界，而 k 个子问题包含了从 S 中点出发的弧的下一个顶点在 S' 中所有的 Hamilton 圈)，停止；否则，取 f_2 对应的子问题为分支对象，转步骤 2。

6.2.5　求解 TSP 的启发式算法[11]

求解 TSP 的启发式算法分为 3 类：① 路径构造算法；② 路径改进算法；③ 组合算法。路径构造算法是产生一个可行路径；路径改进算法是从一个可行路径出发然后再改进；组合算法是将前两种算法结合起来。在实际中，通常是用路径构造算法求出一个初始可行路径，然后再用路径改进算法改进它。

1. 路径构造算法

1) 最近邻点算法

(1) 取任一个顶点 x，找出距 x 最近的顶点 y；确定边 (x, y)。

(2) 在没有使用的顶点中找距 y 最近的顶点 z；确定边 (y, z)。

(3) 令 $y=z$。重复(2)，直到最后一个没有使用的顶点被使用，然后增加第一个和最后一个顶点间的边到路径。

例 6.6　用最近邻点算法求解图 6.4 所示 TSP。

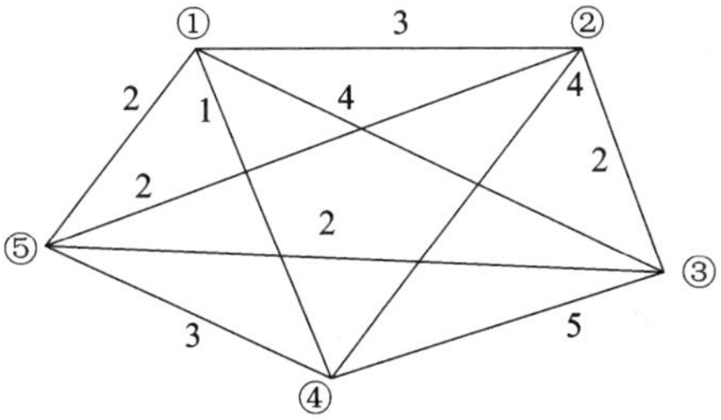

图 6.4　最近邻点算法求解 TSP 示意图

解　(1) 取顶点①，找与①最近的顶点④，确定边 (1, 4)。

(2) 在②、③、⑤中找与④最近的顶点⑤，增加边 (4, 5)。

(3) 在②、③中找与⑤最近的顶点③，增加边 (5, 3)，再在②中找距③最近的顶点②，

增加 (3, 2)，最后增加 (2, 1)，得到封闭路径 ① → ④ → ⑤ → ③ → ② → ①。

2）插入算法

(1) 任选一个顶点 i，找到距 i 最近的顶点 j，组成 $i \to j \to i$，令 $V_1 = \{i, j\}$。

(2) 在 $V \backslash V_1$ 中找到距 V_1 中顶点最近的顶点，记为 k，即

$$d(r, k) = \min\{d(t, s) \mid t \in V_1, s \in V \backslash V_1\}$$

(3) 在已求出的子路径中，求一条边 $(\bar{i}, \bar{j})$，使

$$d(\bar{i}, k) + d(k, \bar{j}) - d(\bar{i}, \bar{j}) = \min\{d(t, k) + d(k, s) - d(t, s) \mid (t, s) \in U\}$$

将顶点 k 插入顶点 $\bar{i}$ 和 $\bar{j}$ 之间，令 $V_1 = V_1 \cup \{k\}$。

(4) 重复(2)、(3)步直到一个可行路径被构造出来。

例 6.7 用插入算法求解图 6.5 所示的 TSP。

解 (1) 选顶点①，距①最近的顶点为④，形成子路径 ① → ④ → ①。

(2) 找距①、④最近的顶点⑤，将⑤插入①和④之间，形成子路径 ① → ⑤ → ④ → ①。

(3) 找距①、④、⑤最近顶点③，确定将③插入①和④或④和⑤或⑤和①中哪对之间。

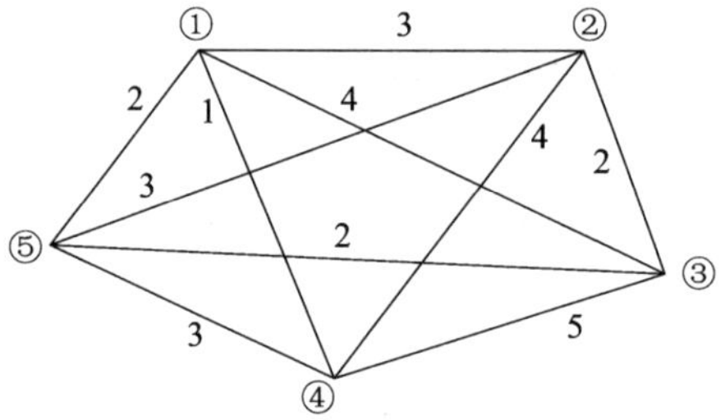

图 6.5 插入算法求解 TSP 示意图

因为

$$d(1, 3) + d(3, 4) - d(1, 4) = 4 + 5 - 1 = 8$$

$$d(4, 3) + d(3, 5) - d(4, 5) = 5 + 2 - 3 = 4$$

$$d(5, 3) + d(3, 1) - d(5, 1) = 2 + 4 - 2 = 4$$

即后两个数均达最小 4，故可将③插入④和⑤之间或⑤和①之间，如将③插入④和⑤之间，则该子路径为 ① → ⑤ → ③ → ④ → ①。

(4) 最后确定插入②的位置：①和④，或④和③，或③和⑤，或⑤和①哪对之间。

因为

$$d(1, 2) + d(2, 4) - d(1, 4) = 3 + 4 - 1 = 6$$

$$d(4, 2) + d(2, 3) - d(4, 3) = 4 + 2 - 5 = 1$$

$$d(3, 2) + d(2, 5) - d(3, 5) = 2 + 3 - 2 = 3$$

$$d(5, 2) + d(2, 1) - d(5, 1) = 3 + 3 - 2 = 4$$

所以②应插入④和③之间，可行路径为 ① → ④ → ② → ③ → ⑤ → ①。

2. 路径改进算法：解 TSP 的 L－K 算法[7-8]

1) L－K 算法的基本思想

目前认为最有效的路径改进算法是 L－K 算法，其基本思想是从一个可行路径开始，去掉其中 λ 条边，然后用另 λ 条边代替形成另一个可行路径，用上述方法求出所有可能的替换路径中最好的路径即可。

定义 6.8　λ－交换（λ－exchange）　去掉一个可行路径中的 λ 条边，然后用另 λ 条边代替，但必须形成另一条合法路径，称为一个可行路径的 λ－交换。

定义 6.9　λ－最优（λ－optimal）　若无法用 λ 条边代替此路径中的 λ 条边，即无法通过 λ－exchange 得到一个较短的回路，则此可行路径称为 λ－最优。

【注】

(1) 对 $1 \leqslant \lambda' \leqslant \lambda$，若一个路径是 λ－optimal，则其一定是 λ'－optimal。

(2) 一个路径是最优的等价于它是 n－optimal。

(3) 一般地，λ 越大，对应的 λ－optimal 路径会越好。

(4) 求 λ－optimal 路径的计算量会随着 λ 的增大而迅速增加，最常用的 λ 取值是 $\lambda = 2$ 或 $\lambda = 3$。

(5) 如何确定一个 λ 较为困难，设计一种自适应选取 λ 值的方式可能是合理的，值得研究。

定义 6.10　λ－最优移动（λ－optimal move）　设 T 是目前路径，$X = \{x_1, x_2, \cdots, x_\lambda\}$ 是此路径中 λ 条边，若 $Y = \{y_1, y_2, \cdots, y_\lambda\}$ 是图中另外 λ 条边，且从此路径中去掉 X 而加入 Y 中边后，得到一条更好的路径，则称这个边的交换为一个 λ－optimal move。

解 TSP 的 L－K 算法步骤归纳如下：

(1) 任取一个可行路径。

(2) 检查其所有的 λ－exchange 路径，若其中最好路径优于目前路径，利用此路径代替目前路径，转(2)；否则转(3)。

(3) 没有 λ－exchange 路径优于目前路径，即得到一个 λ－optimal 路径，停止。

例 6.8　5 个城市的 TSP 如图 6.6 所示，从一个可行路径开始，求出所有 2－交换路径，看能否用其中最好的代替目前路径。

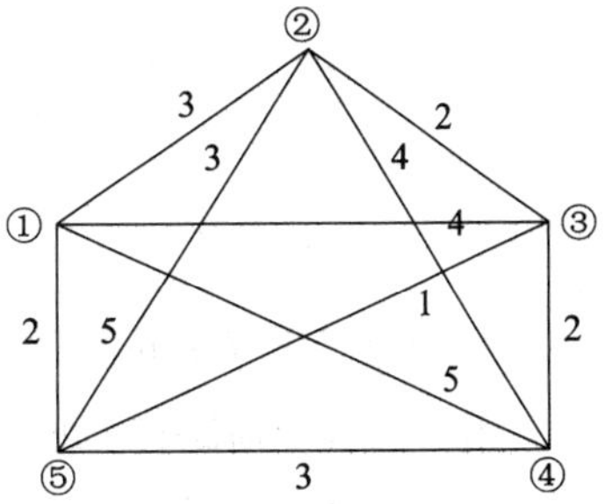

图 6.6　5 个城市的 TSP 示意图

解　取可行路径

$$① \rightarrow ② \rightarrow ③ \rightarrow ④ \rightarrow ⑤ \rightarrow ①$$

其长度为 12。所有可能的 2-交换路径为 $C_5^2 - 5 = 5$ 个，如图 6.7 所示。

(1) 长度为 15　　　　　　　(2) 长度为 14

(3) 长度为 12　　　　　　　(4) 长度为 15

(5) 长度为 14

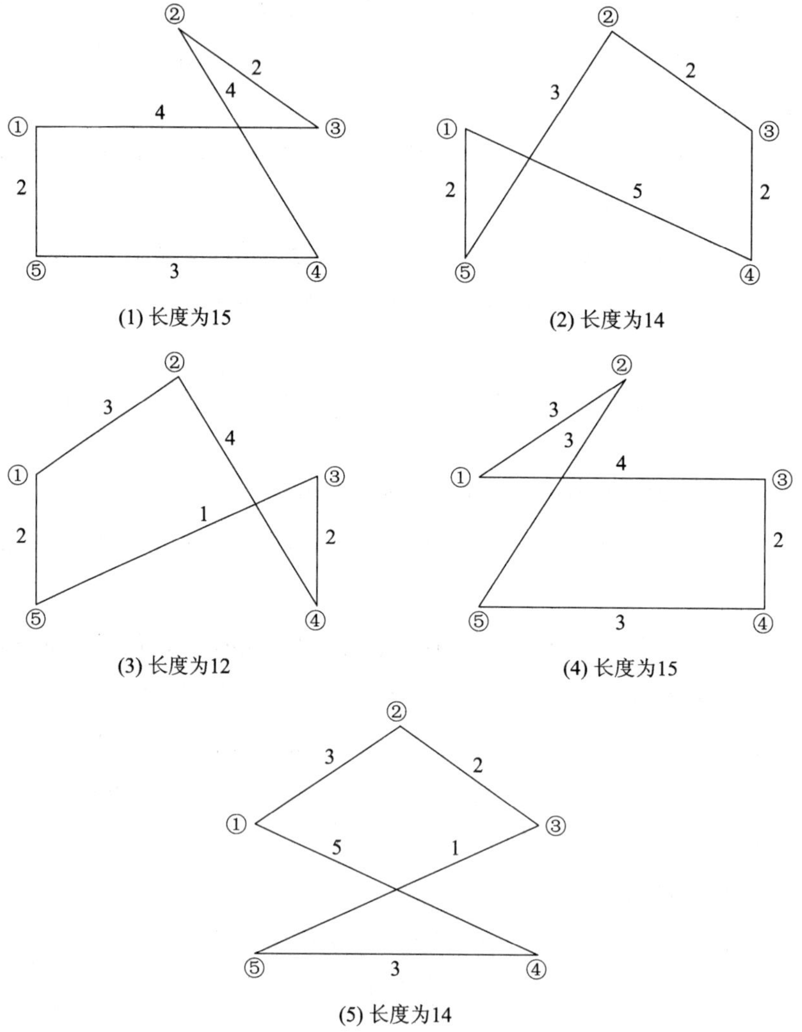

图 6.7　所有可能的 2-交换路径示意图

目前路径的所有可能的 2-交换路径中最短者为 $① \rightarrow ② \rightarrow ④ \rightarrow ③ \rightarrow ⑤ \rightarrow ①$，长度为 12，用它代替当前路径，继续此路径，求所有可能的 2-交换路径，看是否能代替它，直到不能代替为止；然后再随机产生一个初始可行路径，重复以上过程，直到找不出可改进的路径为止。

【注】 对 n 个城市的情形，一条可行路径的所有可能的 2 -交换路径的个数为

$$C_n^2 - n = \frac{n(n-1)}{2} - n = \frac{n(n-3)}{2}$$

思考：对一个 n 阶完全图，所有可能的 3 -交换路径有多少个？

分析：交换时，不能将三条相邻的边换掉，只要三条边不是一条路径，均可用其他三条边替换重新形成一条合法路径，故所有可能的 3 -交换路径个数为

$$C_n^3 - n = \frac{n(n-1)(n-2)}{3!} - n = \frac{n(n+1)(n-4)}{6}$$

例 6.9 对于五阶完全图，给定一个初始路径，如图 6.8 所示，求出其全部 3 -交换路径。

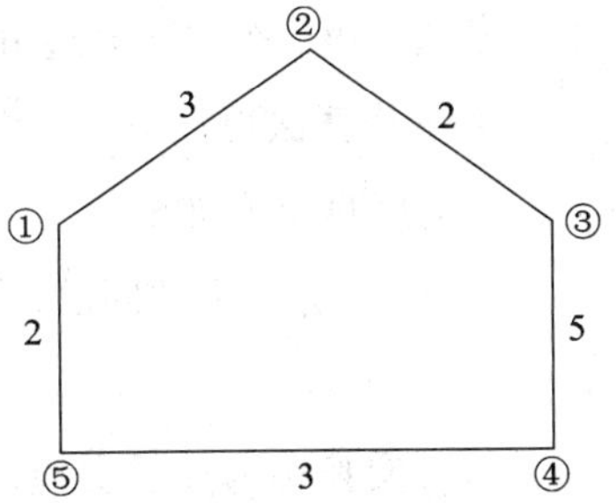

图 6.8 初始路径

解 全部 **3** -交换路径有 **5** 个，如图 6.9 所示。

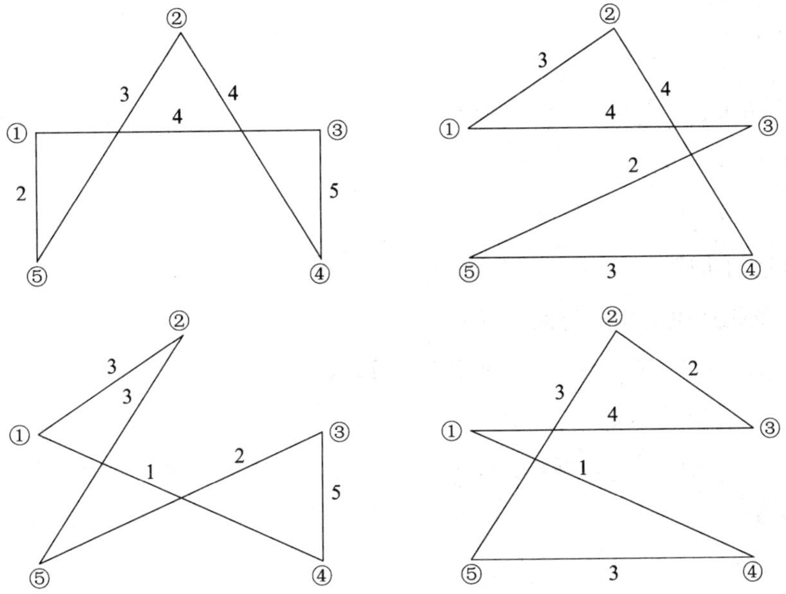

图 6.9 全部 3 -交换路径示意图

2) L－K 算法的基本框架[2]

对 L－K 算法，设 T 是目前的路径，每一次迭代，L－K 算法均要找到两个边的集合 X 和 Y：

$$X = \{x_1, x_2, \cdots, x_r\} \subset T$$

$$Y = \{y_1, y_2, \cdots, y_r\} \not\subset T$$

使得用 Y 代替 X 时，会得到一个更好的路径。

X 和 Y 的构造方法如下：先令 $X = \varnothing$，$Y = \varnothing$，然后逐步给 X 和 Y 中添加边，每次添加一条边，第 i 次添加的边分别记为 x_i，y_i（$i = 1, 2, \cdots, r$）。

为了使算法更加有效，添加的边应满足如下的准则：

（1）序贯交换准则。

x_i 和 y_i 有一个共同的端点，y_i 和 x_{i+1} 有一个共同的端点，即一般地有

$$x_i = (t_{2i-1}, t_{2i}),\ y_i = (t_{2i}, t_{2i+1}),\ x_{i+1} = (t_{2i+1}, t_{2i+2}),\ i \geqslant 1,\ y_r = (t_{2r}, t_1)$$

这种交换称为序贯交换。序贯交换（$x_1, y_1, \cdots, x_r, y_r$）是一条闭合路径。

（2）可行性准则。

若选 $x_i = (t_{2i-1}, t_{2i})$ 恰使 t_{2i} 与 t_1 相邻，则所有路径应是一条合法路径。

（3）路畅下降准则。

要求 y_i 满足 $G_i = \sum_{j=1}^{i}(c(x_i) - c(y_i)) > 0$，其中，$c(x_i)$ 和 $c(y_i)$ 分别为边 x_i 和 y_i 的长。

（4）$X \cap Y = \varnothing$ 准则。

要求选择 x_i 和 y_i 时，应保持 $X \cap Y = \varnothing$。

L－K 算法的步骤：

步骤 1　随机产生初始可行路径 T。

步骤 2　令 $i = 1$，选顶点 t_1，若所有 t_1 被选过，停。

步骤 3　选 $x_1 = (t_1, t_2) \in T$。

步骤 4　$y_1 = (t_2, t_3) \notin T$，使 $G_1 = c(x_1) - c(y_1) > 0$，若不存在这样的 y_1，转步骤 12；否则转步骤 5。

步骤 5　令 $i = i + 1$。

步骤 6　$x_i = (t_{2i-1}, t_{2i}) \in T$，使得

（a）$x_i \neq y_s$，$\forall s < i$。

（b）若 t_{2i} 与 t_1 在 t_1 中相邻，则所有的路径应为一个合法路径，记为 $i = 2$。若 T' 优于 T，令 $T' = T$。转步骤 2。

步骤 7　选 $y_i = (t_{2i}, t_{2i+1}) \notin T$，使得

(a) $G_i = \sum_{j=1}^{i}(c(x_i) - c(y_i)) > 0$。

(b) y_2，$\forall s < i$。

(c) x_{i+1} 存在。

若这样的 y_i 存在，转步骤 5；否则，当 $i = 2$ 时，转步骤 11，当 $i > 2$ 时，转步骤 9。

步骤 8　若还有没有试过的候选 y_2，令 $i = 2$，转步骤 7；否则，转步骤 12。

步骤 9　若还有没有试过的候选 x_2，令 $i = 2$，转步骤 6；否则，转步骤 12。

步骤 10　若还有没有试过的候选 y_1，令 $i = 1$，转步骤 4；否则，转步骤 12。

步骤 11　若还有没有试过的候选 x_1，令 $i = 1$，转步骤 3；否则，转步骤 12。

步骤 12　若还有没有试过的候选 t_1，转步骤 2；否则，停止。

【注】

(1) 步骤 8～12 是返回搜索的，是当不能找到一条改进路径时才进行的。

(2) 步骤 7 选择 y_i 时，只限于在 t_{2i} 的五个最近顶点中取，这样可以减少计算量。

3) 改进的 L-K 算法[2]

在选择 y_i 时，到底应在 t_{2i} 的多少个最近邻点中选择才能使计算量不太大，又使最优解不易丢失？

下面给出一种度量，它可用于描述一条边位于最优路径的可能性大小。这种度量称为 α-nearness。

定义 6.11　1-树(1-tree)　对一个连通图 $G = (V, E)$，$V = \{1, 2, \cdots, n\}$，一个顶点在 $V\backslash\{1\}$ 中的生成树，再加上与顶点相邻的两条边所构成的图，称为图 G 的一个 1-tree。其中顶点可任选，1-tree 不是树，因为它不含回路。

定义 6.12　最小 1-树(mininum 1-tree)　有最短总边长的 1-tree 叫最小 1-tree。

可证明：(1) 一个最优是各顶点度数均为 2 的最小 1-tree；(2) 若一个最小 1-tree 是一条合法路径，则其是最优路径。通常，最优路径会含 70%～80%的最小 1-tree 中的边，因此可用一条边是否距离一个最小 1-tree 较近来描述此边属于最优路径的可能性大小。

定义 6.13　α-近邻(α-nearness)　设 T 是一个最小 1-tree，其总长为 $L(T) = \sum_{e \in T} c(e)$，$T^+(i, j)$ 是含边 (i, j) 的 1-tree 中最小的 1-tree，则称 $\alpha(i, j) = L(T^+(i, j)) - L(T)$，为边 (i, j) 的 α-nearness 度量。

显然，下述结论成立：

(1) $\{T(i_1), i_3\cdots i_n\}$。

(2) 若 (i, j) 属于一个最小的 1-tree，则 $\alpha(i, j) = 0$。α -nearness 度量可用于判别哪个边应被选作 y_i，或给出选 y_i 的一个范围。

计算 $\alpha(i, j)$ 的方法如下：

(1) 找最小 1-tree：先求含顶点 $\{i_2, i_3, \cdots, i_n\}$ 的一个最小生成树，添上两条到顶点 i_1 最短的边。设一树 $T(i_1)$，其中 $i_1, i_2, i_3, \cdots, i_n$ 为 $1, 2, \cdots, n$ 的任一取法。令 $T = \text{argmin}\{L(T(i_1)) \mid i_1 = 1, 2, \cdots, n\}$。

(2) 若 $i = 1$ 或 $j = 1$，即 (i, j) 有一个顶点为 1，任 $(i, j) \notin T$，则将 T 中与顶点 1 相邻的两边较长的一个边用 (i, j) 代替 $T^+(i, j)$，否则转(3)。

(3) 将 (i, j) 插入 T，这时产生一个回路含 (i, j)，去掉此回路中除去 (i, j) 外的最长边的 $T^+(i, j)$。

参考文献

[1] BAZARAA M. S, JARVIS J J, Linear programming and network flows[M]. John Willey & Sons, New York, USA, 1977.

[2] BLACK P E. Dictionary of Algorithms and Data Structures [M/OL]. https://xlinux.nist.gov/dads/.

[3] 越民义，韩继业. n 个零件在 m 台机器上的加工顺序问题[J]. 中国科学，1975(2)：462－470.

[4] 越民义，韩继业. 排序问题中的一些数学问题[J]. 数学的实践与认识，1976(3)：59－74.

[5] 越民义，韩继业. 排序问题中的一些数学问题[J]. 数学的实践与认识，1976(4)：62－77.

[6] 越民义，韩继业. 同顺序 m×n 排序问题的一个新方法[J]. 科学通报，1979(18)：821－824.

[7] 王宇平，何文章. m×n 排序问题在实际中的应用[J]. 数学的实践与认识，1990(4)：1－5.

[8] JOHNSON S M. Optimal two and three stage production schedules with setup times included[J]. Naval research logistics quarterly, 1954, 1(1)：61－68.

[9] MILLER C E, TUCKER A W, ZEMLIN R A. Integer programming formulation and traveling salesman problems[J]. J. of the ACM, 1960, 7(4)：326－329.

[10] LIN S, KERNIGHAN B W. An efficient heuristic algorithm for the traveling

salesman problem[J]. Oper. Res. 1973，21(2)：498－516.

[11] HELSGAUN K. An effective implementation of the Lin-Kernighan traveling salesman heuristic[J]. European Journal of Operational Research，Elsevier，2000，126(1)：106－130.

补充阅读材料